JN094064

SDGsな野生動物のマネジメント

狩猟と鳥獣法の大転換

羽澄 俊裕

地人書館

まえがき

日本には6種の大型野生動物が現存している。彼らを狩猟の対象にして人間は多くの恵みを得てきた。ところが、20世紀末の頃から両者の関係がおかしくなっている。環境省の鳥獣関係統計が示す年間捕獲数は増加の一途をたどり、シカとイノシシだけでも120万頭を超えて、平成の始まる30年前の10倍に達している。生物多様性保全がうたわれる時代にどうしてこうなってしまったのか、その理由を整理しておく必要があると思った。そして国際的合意事項であるSDGs（Sustainable Development Goals）の求める持続可能な社会に向けて、人と野生動物のより良い関係とはどんな姿であるか、ということを考えてみた。

人間は雑食の動物として誕生し、ときに猛獣に襲われながら「喰う、喰われる」の関係の中を生きてきた。いつしか脳が発達して知恵を持ち、火を使い、道具を使うようになると、野生動物を狩ることがうまくなった。そして食料としてだけでなく、道具や生活用品の材料としても利用するようになり、家畜化にも成功した。ところが、発達した脳の仕業によって恵みをもたらす野生動物に神を見出すと、神の命を奪って食べてしまう自らの矛盾に悩むようになった。初期の宗教はそこからの救いの理屈として生み出されたのかもしれないのだが、やがて宗教に代わって合理主義が殺生の苦悩を覆い隠すようになった。

日本列島に渡った人々はどうだろう。ごく最近まで、野生動物を資源として利用しながら、仏教とともに持ち込まれた不殺生や肉食禁忌の思想によって千年を越えて苦悩してきた。近世になると、その苦悩を身分制度に組み込むことで公式に差別して逃れてきた。近代には、西洋から持ち込まれた工業技術と合理主義が、乱獲と生息環境の破壊によって野生動物を追いつめた。そんな時代にあって資源を枯渇させない意思がささやかなブレーキとなり、戦後は自然保護の思想が台頭して絶滅を防いだ。そして経済が減速する1990年代になると、生物多様性保全という新たな思想を受け入れたにもかかわらず、社会は大量の殺生を続けている。

現代の狩猟の特徴は、生活に必要な資源を得るためではなく、個体数を減らすために社会が積極的に殺生を続けていることにある。他の生物と同じように人間も自らの種の存続を第一に行動し、害をもたらす相手を排除する。捕獲数が増加した理由の一つは、互いの利用空間の重なりが広がったせいで被害の発生頻度が増えたことによる。もう一つは、生物多様性保全の思想によって被害の概念が広がったことによる。

技術の進歩は、生物に潜む遺伝子に無限の価値を見出した。それ以来、その価値を奪うものを害とみなすようになった。増えたシカが生物多様性の基盤である森林を破壊するとか、外来動物が地域固有の生物多様性に負の影響を持ち込むといったことを、人間にとっての害とみなすようになった。彼らは生物多様性なんてことを考えているはずもなく、ただ必死で生きているにすぎない。そうした相手を減らそうとして、現代の狩猟は殺生の無間地獄(むげんじごく)におちいっているように見える。

私たちは、世界の人口爆発と国内の人口減少が生み出す問題を抱えて、持続可能な社会へと切り替えていかなくてはならない。そしてSDGsの目標年である2030年まですでに10年を切ったにもかかわらず、この国は自然や野生動物とどのように向き合おうとしているのか、そのゴールの姿はまるで想像できない。野生動物は生物多様性の重要な要素である。その存続を保障しながら、被害の問題ともうまくつきあっていかなくてはならない。

日本ではまだ認識が薄いようだが、人類はフードショックと呼ばれる危機にも直面している。世界人口が100億人に近づくのに、温暖化による気象災害や水不足によって化学肥料を多用する広大な単一食料生産方式がショートして、食料供給が不安定になっている。一方、食べられる食料を年13億トンも廃棄する歪んだ食料システムが稼働したまま飢餓や食品価格の高騰が起き、生産国による輸出拒否の可能性まで高まっているという。

食料のほとんどを輸入にたよる日本の社会は、この現実にきちんと向き合っていけるだろうか。昆虫食の開発に真剣に取り組むような時代に、毎年、百万頭規模で捕獲される大型野生動物を、利用しないまま捨てている現実は正しいだろうか。もう一度、野生動物を持続可能に利用していた時代の思想を取り戻す必要はないだろうか。これは、げっぷやおならで温室効果のあるメタンガスを放出する畜産動物を大量に飼育し消費する現実も含めた、命との向き合い方の問題である。

野生動物を利用するか否かは思想の選択であり、時代が選択していくことだ。その是非にかかわらず、野生動物を保全していくマネジメントの仕組みを、現場の実行システムとして正しく稼働させることはSDGsの大前提である。現代の日本の社会に必要な仕組みとは何か、本書はそのことに答えを見つけるために頭の整理をしながら書いたものである。

第Ⅰ部では、日本における野生動物のマネジメントの成立過程について、狩猟とともに歩んできた歴史をたどった。新たな情報が次々と加わることで歴史は大きく塗り替えられている。そのことを踏まえながら、日本独自の狩猟と殺生禁断の思想との共生関係を振り返り、生命倫理に関心が集まる現代ならではの基礎知識としてさらりと整理した。そして情報が増える近代からは、6種の大型野生動物について、生態が異なるからこそ直面してきた出来事をたどり、それぞれにマネジメントの成立に果たしてきた役割を拾い出した。

第Ⅱ部では、SDGsの求める持続可能な社会として、人口減少が進む日本ならではの野生動物とうまく向き合っていく方法について考えてみた。狩猟の対象であるから、野生動物をマネジメントする法律の柱は「鳥獣の保護及び管理並びに狩猟の適正化に関する法律（以下、鳥獣法)」である。狩猟行為を制御することによって獲物の持続性を担保するというこの法律の主旨は、SDGsの理にかなっている。

ところが、明治初頭に作られたこの法律は、150年もの間、制度を継ぎはぎしながらやってきたために、人口減少という現代的事情の中で、あるいは生物多様性保全の要請に対応できなくなっている。その理由を整理して、鳥獣法を大きく構造転換することを思いついた。そして、それを軸に、生物多様性保全のための保護地域や、被害を抑制する棲み分けについて考えてみた。

実は現代の日本では、野生動物が分布を拡大しながら人間の生活域へと侵入して、人獣共通感染症を含めた深刻な被害のリスクを高めており、新型コロナウイルス禍がなかったとしてもたいへんな事態の渦中にある。このことは、明らかに人口減少社会へと移行する人間の側の、狩猟者の減少、荒れた環境の放置といったことに起因するのだが、これに向けた予防的な対策は後回しにされて遅々として進まない。そんな現状をふまえて、広く一般の方々に問題の深刻さを伝えるために、警告を兼ねて『けものが街にやってくる —— 人口減少社会と野生動物がもたらす災害リスク』という本を先に出した。

とはいえ、人口減少はさらに進むので、このやっかいな問題に現行法のまま対処できるはずもない。鳥獣法そのものの構造転換を進めなければ破綻することは明らかである。そのため、鳥獣行政にかかわる人たち、あるいは野生動物のマネジメントを学ぼうとしている方々に向けて、少しばかり専門的な本を用意した。

この本の主題は社会システムの転換にあるので、法制度に関することがメインである。法律は環境問題を解決するための重要なカードであるから、法律など面倒だと敬遠する前に、ぜひ目を通していただきたい。ただし私は法律家ではないので、野生動物を専門とする立場から自由に書かせてもらった。きっと一般の方であっても理解を深めていただけると思う。

タイトルに入れたSDGsの、持続可能な社会に向けたキャンペーンは少しずつ広がりを見せてはいるものの、温暖化などの緊急性を考えれば、日本の社会の動きは鈍いと言わざるをえない。世界が一緒に取り組もうと掲げたテーマは遠大すぎて、キャンペーンだけで息切れしてしまいそうだ。しかし、背伸びをする必要はないだろう。社会の一つひとつの課題に丁寧に向き合って、目に映る気になった不都合を修正するために誰もが考えて行動することだ。そして技術が急速に進化する現代だからこそ、持続可能な社会を生み出すにはパラダイムシフトを必要としている。この本はそんな意図で書いてみた。新たな未来に向けて、議論のきっかけにしていただければ幸いである。

目次

第Ｉ部

日本人と野生動物がたどってきた道

第１章

狩猟と不殺生の歴史

1.1　日本列島の誕生と野生動物

まずは日本列島誕生の経緯から話を始める。その驚異的とも言えるダイナミックなストーリーは、全国44ヵ所（2021年9月現在）のジオパークのウェブページを見れば、証拠となる地形や地質の現場写真とともに最新の情報が提供されていて圧倒される。

地球の表面はプレートと呼ばれる十数枚の岩盤で覆われており、粘性のあるマントルの上をゆっくりとすべるように動いている。日本列島の近辺では、ユーラシアプレート、太平洋プレート、北米プレート、フィリピン海プレートという4枚のプレートがぶつかりあって、互いに押し合う圧力とこすれあう摩擦のせいで地震や火山活動が頻繁に引き起こされている。東日本大震災の時に身近になったこの理論は、日本列島の誕生についても説明してくれる。

このプレート活動によって、3,000万年前あたりにユーラシア大陸の東の端に裂け目ができると、日本列島の元になる大地が引きちぎられるように切り離されて、1,500万年前あたりに今の位置に来た。さらに、フォッサマグナ付近を軸に北側と南側が逆方向に回転するように動き、いくつもの海洋島が移動してぶつかりながら、くの字に曲がった日本列島の原型ができあがった。そして、300万年前から100万年前にかけて、東西圧縮と呼ばれるプレートのぶつかり合いによって、1万mに達する大地の隆起が起きて中部山岳地帯の原型が誕生した。また、20万年前には瀬戸内海にあたる平原に海水が流れ込んで、地続きだった四国や九州が切り離された。その後も、各地で何度も起きた大規模な火山活動が隆起や陥没を作り、大量の噴石物が大地を埋めて、およそ2万年前あたりに南北に3,500kmもつらなる弓状の、ほぼ現在の日本列島の形ができあがった。

一方、260 万年ほど前から気候変動の激しい時代が始まり、寒冷な氷期と温暖な間氷期が 4 万～ 10 万年単位で交互にやってくるようになった。それ以後の現在までの期間は、地球生成を語るときに用いる地質年代という大きな時代区分によって第四紀と呼ばれている。氷期に地球の温度が下がると広範囲に水分が凍って海の水が減るために、海水面が下がり陸地が広がった。逆に、地球の温度が上がる間氷期には氷が融けて海水面が上がり、海に近い低地が海に沈んだ。この数万年単位の気候変動による環境条件の変化が、動植物の繁栄や絶滅に影響した。

原始の日本列島は、ユーラシア大陸とつながったり離れたりする期間を繰り返し、原始の日本海を囲むように南側が大陸と地続きになったり、後に北海道となる陸地が北側で大陸と地続きになったりした。そして 7 万年前から 1 万年前まで続いた最終氷期（氷河期）に最大 130m まで海面が下がった後、氷期の終わりに向かって徐々に海水面が上昇して、日本列島が現在のように切り離された。

当然、地表面の起伏の高低差によって、切り離された時期に違いが生じる。たとえば、九州と朝鮮半島の間にある対馬海峡付近は、北海道と樺太の間にある宗谷海峡付近よりも深いので、先に海に沈んで大陸から切り離されていたと推測される。一方、本州と北海道の間にある津軽海峡付近は、現在でも最大水深 450m、最も浅いところでも 140m もあるので、北海道付近の陸地と本州はより早い段階で切り離されていたと考えられる。そして、そのことが大陸の南から進入した動物相と北から進入したそれとの間に違いを生んだ。動物地理学では、日本の動物相の重要な分布境界の一つである津軽海峡をブラキストン線と呼ぶ（図 1.1）。

一方、鹿児島県から沖縄県にかけての海上に弓状に連なる南西諸島のうち、トカラ列島の悪石島（あくせきじま）の南にも渡瀬線と呼ばれる動物相の境界がある。それより南は周囲の水深が 1,000m 以上もあり、より古くから孤立していたことは明らかなことから、南西諸島に現存するイリオモテヤマネコやアマミノクロウサギなどの陸生動物は、進化の古い形質を残す「生きた化石」と呼ばれている。

こうして海に囲まれて誕生した急峻で複雑な地形に大気の流れがぶつかり、

図 1.1　日本列島の動物分布境界線（出典：増田・阿部（編），2005）

雲が発生して、豊富な雨や雪を降らせた。そこに地球の温度変化に応じてさまざまな植物が進退を繰り返し、多様で複雑な植生環境が生み出された。また、大陸と地続きの時に何度も陸生動物が入り込んだのだが、大陸から切り離されて隔離されると、気候変動や火山活動による激しい環境変化によって、多くは逃げられずに絶滅した。その中には巨大なワニやカメ、ゾウやサイの仲間まで、実にたくさんの種類の動物がいたことが化石から確認されている。

その中を生き抜いたものが現在の日本の野生動物である。気候変動によって変化する植生環境に適応し、あるいは人類と競合しながら長い時間を乗り越えた動物だけが生き残っている。遺伝学の進展によって、現存する大型哺乳類の日本列島への進入が複数回あったこともわかってきた。ここから先は、偶然にも知恵を進化させた人類と、他の大型動物との競合の過程をたどっていく。

1.2　巨大動物がいた旧石器時代

哺乳類の中に初期の猿人が登場し、それが進化して現生人類となり、世界中に分布を広げた。そのプロセスは、新たな遺跡の発掘や遺伝子解析によって今でも盛んに修正されているのだが、今のところ20万年前のアフリカに現生人類のホモ・サピエンス（*Homo sapiens*）が登場して、そこからヒマラヤを避けるいくつかのルートを経て、場合によっては海を渡って、地球全体に分布を広げたと考えられている。

この人類大移動の時代は旧石器時代として区分され、人々は石器を使い、狩猟採集をしながら、劣悪な環境を避けて、獲物となる野生動物を追って分布を拡大してきた。千年、万年という地球環境の変化の中の、寿命が数十年に満たない人間の一日を想像してみてほしい。それはゆっくりとした時間の流れの中の突然のクラッシュの積み重ねである。突発的な地震や火山の噴火、あるいは食料難や疫病によって滅んだ集団もいただろう、移動を強いられた集団もいただろう。そこに置かれた状況は、平均寿命が延びたとはいえ、大地震や新型コロナに脅かされる現代人と変わりはない。

大陸とつながったり切れたりする時間の中で、日本列島に北から入ってきた人の集団もいれば、朝鮮半島から、あるいはもっと南から海を渡って入ってきた集団もいたと考えられている。その到達した年代は、遺跡の発掘が進むたびに活発な議論が始まるのだが、3万年前から2万年前あたりと考えられている。

日本列島の植生環境と人による利用の歴史については、養父志乃夫（2009）がわかりやすく整理している。13,000年前あたりから寒冷な時期と温暖な時期が何度も入れ替わったせいで、針葉樹林と草原が広がっていた日本列島に、温かい場所に生育する落葉広葉樹林や照葉樹林が進退を繰り返し、複雑な地形の中に分布を混在させることになった。またこの間に、地域的に積雪量が変動したり草原が減少したりしたので、それまで生息していたマンモス、ナウマンゾウ、オオツノシカといった巨大動物が絶滅した。もちろん、その絶滅に人類の狩猟行為も関与したに違いない。

1.3　ドングリが支えた縄文時代

およそ16,000年前から3,000年前までの13,000年間を、日本では縄文時代と呼び、世界的には人類の新石器時代に対応する。

温暖期に海水面が上昇して縄文時代初期の日本列島が大陸から切り離される頃、激しい気候変動の中で植物相や動物相が変化した。とくに、6,500年前から5,500年前までは気温が高く、海岸線は現在の平野の奥まで達していた。たとえば、関東平野の海岸線は栃木県の藤岡町（現在は栃木市）あたりまで達していたことが確認されている。これを縄文海進と呼ぶ。そして縄文後期に気温が下がると、海岸線はしだいに後退して湿地や草原へと変化した。このことは動植物の分布や人々の暮らしに影響し、とくに稲作の普及につながった。

日本の植生環境は、縄文の温暖期に落葉広葉樹林や照葉樹林が分布を拡大して、寒冷化した縄文後期に現在に近いものとなった。日本の人口の歴史的推移を推計した鬼頭宏（2000）によれば、2万人だった縄文初期の人口は温暖化によって26万人に増加して、その9割は東日本の中部以北に偏っていたという。その理由は、落葉広葉樹の堅果類（けんかるい）（ドングリ類）の生産量が高まったことと、大量のサケの遡上（そじょう）が人々の栄養面を支えたことによると考えられている。また、文化は海や川を経由して北からも南からも入り込んだので、北海道からトカラ列島以南まで、日本列島各地に地域性を持った九つの異なる文化圏が形成されていたと考えられている。

旧石器時代に移動生活をしていた人々がしだいに定住型生活を始めると、竪穴住居による集落が出現して暖房や煮炊きが行われ、貯蔵用に土器を作るようになった。また、建材として樹木を伐採するだけでなく、ナラ、クリ、クルミ、トチノキなど､堅果をつける樹木の栽培も始まった。さらに､焼き畑農業によってアズキやゴボウといった植物を栽培していた。約5,000年前には三内丸山遺跡に代表される大規模な集落が登場して、土器、漆器、土偶、耳飾り、勾玉（まがたま）などの装飾品まで作られるようになった。縄文時代の技術レベルはあなどれない。

この時代の人々の暮らしの基本は狩猟採集であったから、石斧（いしおの）、弓、槍、釣針が作られ、とくに弓矢が急速に普及している。遺跡からは現存する野生動物の骨、あるいは海の魚の骨や貝が出土している。また、縄文末期の遺跡からイヌの骨が出土したことで､その飼育が始まっていたか否かが関心を集めている。

1.4　動物の飼育が始まった弥生時代

大陸北部と交流しながら東日本で活発だった縄文文化は、南方や朝鮮半島から渡ってきた渡来人が西日本に広げた弥生文化とは、長く入り混じることがなかった。縄文時代との明確な切り分けは困難だが、最新の見解では、今から3,000年前の紀元前10世紀から紀元後の3世紀中頃に至る、およそ1,200年間を弥生時代としている。

縄文時代後期からの寒冷化によって人口は7万人まで下がっていた。その理由として、落葉広葉樹の分布が変化して木の実の生産量が下がり、狩猟採集に頼る生活に限界がきたとの推測がある。縄文後期にはすでに原始的な稲作が始まっていたのだが、弥生時代が3分の1ほど過ぎた紀元前5世紀頃(2,500年前)に、水田を作って行う高度な稲作技術と生活様式が大陸から九州北部に伝わった。このとき、縄文海進後の海が引いた低地に湿地が広がっていたことが好条件となり、稲作技術は海や川を経由して急速に本州北部へと広がった。

これらをもたらした渡来人は大陸での国家間の争いを逃れてきた人々で、当然、新天地で生きるための農作物を持ち込んだと考えられている。ちなみに、中国で稲作が始まったのは1万年以上前の長江中流域でのことである。水稲は食料を貯蔵することを可能にし、それを中心にした生活様式は社会を変え、弥生時代の人口は60万人に増加して国家形成が始まったと考えられている。その証拠に、この時代の人骨には、集落間あるいは小さな国家間で頻繁に争いが起きていたことをうかがわせる傷痕が、たくさん確認されている。

水田耕作と並行して狩猟採集も続いていたことは明らかで、現存する哺乳類、とくにシカやイノシシの骨の出土が多い。また、イヌ、ウシ、ブタ、ニワトリの飼育が始まっており、ウマは少し遅れて大陸から入ってきたと考えられている。また、この時代に、人家の屋根材などに使うカヤの採取や牛馬の放牧のために、人為的に草地が維持されるようになった。さらに、東日本では広く桑が栽培されていたことも確認されており、稲作とともに中国から伝わった養蚕がすでに始まっていたと考えられている。

一方、水田や用水路の開発とともに淡水漁撈（ぎょろう）専用の漁具も開発されていた。鵜を使って魚を獲る鵜飼（うかい）は弥生時代に大陸から西日本に伝わったもので、中世には全国に広がっている。縄文以来の石器は工具や農具として使われ、加えて、木器、青銅器、鉄器、土器が使われるようになった。とくに鉄器は工具として一般化しつつ、武器や農具としても西日本に広がっていった。

1.5　王権による飼育が始まった古墳時代

広域に政治のまとまりが発生し、2世紀末には巨大集落が作られるようになった。この時代の特徴は権力の象徴としての古墳の築造にあり、その文化が確認される3世紀から6世紀末までの約300年間を古墳時代という。なかでも九州北部と奈良盆地の政治勢力が活発となり、3世紀には西日本から東日本の一部をとり込んで倭国（わこく）が建国されてヤマト王権が成立した。その初期の倭国王である卑弥呼のいた邪馬台国の所在地は、いまだに確定されていない。

弥生後期から古墳時代にかけては寒冷期で、人口は180万人から220万人と推定されている。魏志倭人伝のほか、朝鮮半島の新羅（しらぎ）、百済（くだら）、高句麗（こうくり）といった国にも交流の記録が残っており、日本列島と大陸との間にかなりの人や物資の往来があったことが確認されている。その交流は水上交通によるもので、北九州から瀬戸内海を経て大阪湾に入ってくるルート、日本海に沿って、山陰、北陸、東北、北海道を往来するルート、太平洋沿岸を北上するルート、南は九州から沖縄に至る海上流通ルートなどがあった。6世紀初頭の弱体化したヤマト王権を立て直した継体（けいたい）天皇は朝鮮半島との関係が深く、その力を借りたと考えられている。

古墳時代には製鉄技術と乗馬の技術が持ち込まれている。また、天皇家には獣肉の料理人として宍人部（ししひとべ）が置かれ、動物の飼育を担当する専門集団として、鵜を飼育する鵜養部（うかいべ）、鷹狩用の鷹を飼う鳥養部（とりかいべ）、猪の飼育の猪甘部（いかいべ）、犬を飼う犬飼部（いぬかいべ）などの記録がある。そして6世紀中頃に不殺生の戒律とともに仏教が伝来した。

1.6　初の狩猟法令が出た飛鳥時代

学説にもよるが、奈良県明日香村に都がおかれた592年から奈良に平城京が移された710年までの約120年間を飛鳥時代という。この頃は気温が低く、農業生産に影響があったと考えられている。552年に伝来した仏教を社会の規範とするにあたって権力闘争が発生し、蘇我（そが）氏（うじ）が物部（もののべ）氏（うじ）を滅ぼして権力を握り、法隆寺（飛鳥寺）を建立。日本最古の女帝である推古天皇が甥の聖徳太子（厩戸皇子）を摂政として、国家の基礎として冠位十二階、十七条憲法が制定された。また、遣隋使を送って隋と交流した。この時代に仏教が政権中枢と結びつく。

聖徳太子没後の645年に中大兄皇子と藤原鎌足が蘇我氏を倒し、「大化」という初の元号を定め、天智天皇の時代となった。倭国の勢力範囲は北九州、四国、そして東北を除く本州の範囲だったが、倭国に抵抗した南九州の隼人や東北の蝦夷の勢力は100年ほどのうちに征圧された。一方、倭国は663年の朝鮮半島の唐・新羅連合軍との争い（白村江の戦い）で百済を支援して敗れ、国防強化のため、筑紫（現「福岡県」）に大宰府を、対馬、隠岐、筑紫に防人を設置。さらに戸籍調査、田畑調査が進んだ。

続く天武天皇は中央集権的国家体制の整備に努め、持統天皇の時代には条里制による最初の区画整理が行われ、藤原京に遷都した。文武天皇時代の701年には大宝律令が制定されて、国号を正式に「倭」から「日本」に変え、中央行政に二官八省制度を置き、地方に国・郡・里を置いた。さらに水田を基礎にした租税制度である租庸調を整備して、律令制に基づく中央集権体制が確立された。

この頃には牛馬の利用が広がり、馬を通信や物資の運搬手段とする駅馬・伝馬の制度が置かれるようになった。そして、食料増産、軍事力の整備のために、牛馬の飼育増強として牧草地の人為的な維持が広まった。また、『日本書紀』には、天武天皇が675年に「庚寅詔」を発したとの記録があり、これが成文法としては、わが国最古の狩猟法令とされている。そこには漁業や狩猟に関して一部の罠を禁止することや、牛・馬・犬・猿・鶏に限定した肉食禁止が書かれており、すでに仏教の影響が読み取れる。

1.7　不殺生思想が広まった奈良時代

710年に元明天皇が現在の奈良に遷都して平城京を作ってから、794年に平安京へ遷都されるまでの84年間を奈良時代という。この時代は一転して温暖期となったので、稲作はいっそう東へと広がり、日本の人口は500万人に増えた。また、意図的に火入れをして草原を維持する技術がこの時代に確立された。

権力闘争を繰り返しながらも律令国家の整備が進み、中央政府による統一的な民衆支配が確立された。各地に国分寺を建立し、仏教を基調とする天平文化が栄えた。行政組織が整備され、畿内のほかに全国を七道（東海道、東山道、北陸道、山陰道、山陽道、南海道、西海道）に区分し、あわせて街道を整備した。また、農地の開墾を推進し、遣唐使を送って大陸の文化を吸収した。この頃、『古事記』『日本書紀』『風土記』『万葉集』といった最古の文書が編纂されたので、その中に当時の人々の生活の一端や野生動物の利用に関する記録が読み取れる。

平安京に都が移るまでに何度か遷都が繰り返されたので、大量の建築資材が消費された。さらに、都に集まる人々の生活を支える燃料などの生活用の調達もあって、周囲の森林が伐採されて荒れた。また、狩猟採集生活は続いており、農作物に被害を出す野生動物の捕獲も必須のことだった。人々の間で獣肉の食習慣が失われたはずもないが、国の制度と仏教思想が深くつながったので、庶民ではなく権力の中枢において殺生禁止・肉食禁忌が表出するようになった。以後、1,000年以上にわたって仏教をベースにした殺生禁止や肉食禁忌の思想、あるいは穢れの意識やそれに伴う差別意識が社会の基調となったことは、人文社会科学の各分野で盛んに議論されている。

1.8　狩猟と薬食いの平安時代

794年に桓武天皇が平安京を開いてから、鎌倉幕府の成立する12世紀末までの約400年間を平安時代という。歴史学ではここまでを古代と呼び、平安時代の後半は古代から中世への過渡期と位置づけられている。

気候学によれば、平安時代の初期は低温だったが、中期には温暖あるいは高温湿潤な時代となり、食料生産も高まり平安文化が華開いた。しかし、平安後期には再び気温の低い時代となって、西日本では乾燥によるひでりの害が多く発生した。おまけに地震災害や富士山などの火山の噴火が増え、農作物の不作による飢饉によって社会は不安定となり、日本の人口は600万人から700万人ほどにとどまった。そのこともあって律令国家体制が崩れ、高度な技術や大量の労働力の投入ができなくなり、食料生産を高めるための開拓や灌漑設備の充実が困難になった。災害や疫病が頻発する現象は現代に重なるのだが、歴史をたどれば日本人にとって新しい経験ではないことがわかる。

奈良時代の後期から農地開墾の強化を意図して土地の私有化を認めたために、中央貴族、豪族、大寺社が積極的に開墾を進めていった。その結果、畿内を中心に土地の私有化が進んで荘園公領制の成立につながった。また、平安中期にあたる10世紀初頭になると、中央政府の現実的な選択として、税の徴収方式を人を単位とする体制から土地を単位とする体制へと転換したために、現場に近い国司が現地の有力者を統括する支配体制を生むことになった。これを王朝国家体制という。

さらに、天皇が地方統治の権限を放棄してしまったので地方は無政府状態となり、土地や人民の支配権を持つ層が自衛のために武装するようになった。ここに武士という集団が発生する。そして平将門の乱や藤原純友の乱が起きて政権を揺るがす中、天皇家の血筋を持つ河内源氏（清和天皇の系統）と伊勢平氏（桓武天皇の系統）が勢力を伸ばし、平安後期の12世紀中期には平氏の平清盛が自らの政権を打ち立て、源平合戦後の12世紀末には源頼朝による鎌倉幕府が誕生して、明治維新まで約680年も続く武士の支配する時代が始まった。

一方、平安時代は遣唐使によって当時の世界最先端の唐文化が流れ込んでいた。たとえば、最澄の天台宗、空海の真言宗といった新しい宗教が持ち帰られて日本古来の宗教と合体した（神仏習合）。また、平安中期には日本独自の文化が華開き、ひらがなが発明されて日本語の表記が簡単となり、女流文学が誕生した。『土佐日記』、『伊勢物語』、『かげろふ日記』、『枕草子』、『源氏物語』といった書物がこの時代に世に出た。その中には多くの動植物の記載が確認される。また「鳥獣人物戯画」にも当時の人々の自然の動植物への関心の高さを読み取ることができる。

さらに、中国で発達した医薬の学問である本草学が日本に持ち込まれ、和訳書としての『本草和名』に動植物の名前が記載されている。仏教的な殺生肉食禁忌の思想の一方で、貴族の間では薬食いと称して獣肉が食され、そこに肉を供給する猟師の役割が明確に位置づけられていた。9世紀になると天皇家による鷹狩の習慣が盛んとなり、犬飼、鷹飼が設置されている。このことからも狩猟は権力中枢と結びついた重要な文化であったことがうかがえる。

仏教に影響を受けた殺生や肉食の禁止は、あくまで天皇家の催事とかかわりながら貴族社会に浸透したものの、飢餓と隣り合わせにあった一般庶民まで制約できたはずもない。また、肉がうまいことを知っていたからこそ、その一番の食べたいものを断って神仏に祈りをささげるという、ある種の呪術として肉食禁断が行われたとの解釈もある。これらは牛馬などの家畜に限ったことであったのだが、平安時代の後期には鹿肉食の禁止の記録も確認されている。

1.9　非人と鉄砲の中世

歴史学では、12世紀末に始まる鎌倉時代から、南北朝時代、室町時代、安土桃山時代、徳川政権が江戸幕府を開設する1603年までの約400年間を中世とすることが多い。この時代は混乱とともに死が身近にあったせいか、神と交渉し、死の穢れを清める役割を果たすさまざまな異端の人々が活躍した時代である。野生動物の狩猟や後処理を扱う人々もそうした特別な存在であった。そんな記録に残りにくい埋もれた事実を日本史の中によみがえらせたのは、歴史学者の網野善彦である。

中世とは、武家集団、天皇家、貴族、宗教団体が入り乱れ、領土支配と権力闘争に明け暮れた時代であったので、殺生は身近にあった。一揆や戦争で他国に攻め入れば、家を焼き払い、作物を刈り、財産を奪い、女子供をさらって外国に売り飛ばした。合戦や天候不順によって農業生産にはブレーキがかかり、疫病や飢饉が発生して、世の中は常に不安定だった。この時代の随筆家である鴨長明が『方丈記』の中で、災害、疫病、大地震など、京都の惨憺たる光景を記している。これほどの飢餓の時代に、庶民が野生動物を捕まえて食べることなどごく当たり前のことだったに違いない。

頼朝の死後、鎌倉幕府の実権は北条家に移るが、各地の権力闘争や蒙古襲来（元寇）によって政情はさらに不安定となり、後醍醐天皇が即位した後の1333年に鎌倉幕府は滅んだ。その後も戦乱は続き、征夷大将軍となって室町幕府を開いた足利尊氏と、吉野に逃げた後醍醐天皇が対立して、1337年から約半世紀の間は二人の天皇がたつ南北朝時代となった。その後に室町三代将軍足利義満が南北朝を統合し、天皇家に接近して有力守護大名の勢力を抑え、実質的に武士が実権を握る室町幕府の最盛期を作った。

しかし、義満の死後は再び120年にわたる世情不安定な時代となり、応仁の乱（1467年～1477年）によって都は荒れ、各地で一向一揆が発生し、下剋上の戦国時代となった。そして1573年に織田信長が足利義昭を追放した時点で室町幕府は滅亡した。以後、全国平定を果たす豊臣政権の時代までを安土桃山時代という。

戦乱が続いた中世では、農の従事者が戦争に駆り出され、田畑が荒らされ、食料生産が不安定となった。代わって、焼き畑、山菜や果実の採取、漁撈、狩猟が盛んに行われ、混乱の中でさまざまな職能民が活躍した。また、平安末期からの貨幣交換経済が浸透したことで商売や交易が盛んとなり、各地に都市が発生し、物資や食料が集められて売買される市場が発達した。戦乱の時代であったにもかかわらず、中世の400年間で人口は倍増したと推測されており、それは都市型市場経済の発展に伴う社会の変化によると考えられている。

戦乱の時代であったから、城、寺社仏閣、庶民の家の消失や再建の頻度が高まり、森林の消費量が増加した。さらに、天下統一を果たした豊臣秀吉と、続いて江戸幕府を開いた徳川家康は、支配下においた大名の力をそぐことを意図して木材資源を供出させたので、全国の森林が大量に伐採消費された。

戦い方も武器も進化している。すでに鎌倉時代より前から戦いには馬が使われ、馬の上から敵を射る弓の訓練のために、草の上に頭の出るシカが狙われ、草原を使った大規模な巻き狩りが行われた。この巻き狩りが敵への威嚇の意味もあったことは、現代の軍事演習と同じである。やがて1543年に種子島に鉄砲が伝わると、すぐに国産の鉄砲が作られて、戦時に使われるようになった。銃が高く売れることを知った商人がそれを後押ししたことによる。その延長で、狩猟や農地での駆除や追払いにも銃が使われるようになり、野生動物の捕獲効率が高まった。

少し話を戻すが、鎌倉幕府の北条時頼の時代に京から鎌倉へと招かれた僧（後述する鎌倉新仏教に対する旧仏教の僧）が、京都の文化であった獣肉穢れ観を持ち込んだので、肉食禁忌の習慣が武士の間にも広がった。13世紀中頃の鎌倉幕府中枢部には狩猟を穢れとする人まで現れたという。しかし、天皇家、貴族、武士の間では鷹狩が好まれていたし、殺生が勤めという武士の現実があったので、その矛盾を覆い隠すように、軍神であり狩猟神である諏訪信仰などに見られる「人が食べてやることで獣の魂は往生する」という殺生・肉食功徳論が浮上して、仏教の殺生罪業観に対する救済の理屈として武士や狩猟漁撈の民の間に広まった。

世が乱れ、都でさえ日常の生活空間のあちこちに死体が転がっていた時代であったから、それを片づける仕事を担う者を必要とした。また、野生動物の肉や皮は生活資源として重要であったから、狩猟や獲物の処理をする者を必要とした。その頃は、神との仲介役をはたし、非人、河原人と呼ばれる穢れを浄化する特殊能力を持った人々がたくさん活躍していたのだが、世が荒れてしだいに神を畏怖する信心が薄れると、自然に対する古代からの意識の転換が始まった。その結果、殺生とかかわりを持ち、穢れを浄化する人々がしだいに蔑視（べっし）されるようになった。次の近世では、あえてこうした人々を階級制度の下位に固定して差別し、都合よく利用するようになった。

そんな世相であったから、差別される人々や、中央の価値観にとっての悪人、悪党のような人々であっても救われると説いた、鎌倉新仏教と呼ばれる、浄土宗、浄土真宗、時宗、法華経、臨済宗、曹洞宗が誕生し、全国に信者が増えて、一向一揆をおこして為政者をてこずらせるほどの一大勢力となった。

1.10　穢れを身分制度に固定した近世

日本の近世とは、徳川家康が江戸幕府を開いた1603年から、15代将軍徳川慶喜が大政奉還した翌年の1868年までの約260年にわたる江戸時代のことを指す。環境史としても特徴あるこの時代は、幕藩体制と鎖国によって戦争に明け暮れた時代に終止符をうち、内向きとはいえ平和な時代が続き、各藩は厳しいながらも持続可能な社会を維持するために努力した。食料増産のほか、森林の伐採を制限し、植林育林を行って治山治水に配慮した。

殺生や肉食の禁忌に関しては歴史学者の塚本学が丁寧に掘り起こしているのだが、国家安泰の制度化を進める中、古来の神道、仏教、儒教の思想を通して、さらには穢れの意識が入り交じり、イヌ、牛馬のような家畜、野生動物、それぞれとの向き合い方を都合よく解釈していた。とくに徳川綱吉という五代将軍の時代にその傾向が極まって、将軍の特異な性格に基づく、「諸国鉄砲改め（しょこくてっぽうあらため）」、「生類憐み（しょうるいあわれみ）の令」、それにつらなる差別の固定化といった政策が、後世まで影響を残した。

武士の時代の究極の姿として出現した徳川政権は、儒学を思想的裏付けとする合理的な統一国家体制を目指したものの、すでに仏教が社会に深く浸透していたので、本来、思想的に相いれない、儒教と仏教を両輪とする日本独自の解釈による柔軟な儒学が生み出された。戦争に明け暮れたそれまでの時代に比べ、住環境や食生活などの生活水準が改善されて平穏な時代となり、産業、経済が活発となった。はじめ千数百万人だった人口は140年ほどで3,000万人近くに増加している。農村からの流入によって都市の人口が増え、江戸は世界最大の100万人都市となり、京都・大阪でも40万の人が暮らしていた。ちなみに、現在の東京23区の人口は約1,000万人である。

17世紀後半から18世紀にかけては元禄時代と呼ばれ、学問、文芸、芸能、等の文化が著しく発展する時代となった。ところが18世紀中期から、続く明治にかけては世界的な寒冷期となり、国内では火山の噴火、地震、津波といった災害が加わって記録的凶作が続いた。そのため飢饉や疫病がはやり、新田開発にもブレーキがかかったので、全国的に農業生産性が落ち込んで人口増加にブレーキがかかった。天明の大飢饉をはじめ何度も襲った飢饉が10万人単位の餓死者を生み、ひもじさから人の遺体を食べたとの記録もあるほどだから、野生動物を食べることなど当たり前のことだったと想像される。

人口が増えれば生活の煮炊きや暖をとるための薪炭や、新田に投入する緑肥の需要も増える。新田が開かれれば緑肥の採取の空間を外へと広げなくてはならない。人の集まる都市や集落周辺のいわゆる里山の植物は徐々に消費され、はげ山が広がった。開発とはそういうことである。そのため各藩は伐採を厳しく取り締まり、災害対策として治山・治水を行い、農業政策や植林に努めた。

現在と同様、農業生産力の向上には鳥獣害が大きな問題であったから、狩猟にかぎらず農業の必須の道具として鉄砲が使われた。そもそも戦国時代には鉄砲が主戦力として使われたので、足軽として戦争に駆り出された農民たちは鉄砲になじんでおり、急速に広がった。ただし、銃は反権力の道具でもあるから、天下統一を進めた豊臣秀吉の刀狩の際には鉄砲の所持も調べられている。しかし全国的に鉄砲普及の程度を調べ、その使用を監督下に置いたのは、五代将軍綱吉による「諸国鉄砲改め」以後のことである。

さらに、鉄砲の所持や使用に関する規定の中で、狩猟を生業とする猟師だけに獣肉や皮の利用を認めながらも、その社会的地位は最も下位に固定された。この時代は野生動物の肉食にとどまらず、その皮や毛皮もさまざまに利用されていた。たとえば、鎖国の中で限定された長崎貿易でも、シカ皮が年間何万枚と輸入されていたほどに需要は高かったので、社会的地位の固定化は猟師に有利であったと考えられるのだが、将軍・綱吉の殺生や血に対する極端な穢れ意識が、肉や皮を扱う猟師を「穢れを扱う身分」とする社会的差別、卑賤視(ひせんし)につながったと考えられている。

おそらく現場で鳥獣害に苦しむ農民や、武士であっても食料増産に汗を流した各藩の役人が猟師に向ける視線は異なるものであったろうことは容易に想像される。それは綱吉の時代にあっても、農民のために大量の猟師や人夫を投入して9年をかけてイノシシを根絶した、対馬藩の陶山鈍翁(すやまどんおう)の記録（第4章4.5節、p.90）からも読み取ることができる。

1.11　乱獲と開発の近代

日本における近代とは一般に1868年の明治維新から大正を経て昭和の第二次世界大戦末までの約80年間をいう。明治のはじめに3,000万人だった人口はここから急増して、近代末期には7,000万人に達している。

明治政府は欧米帝国主義国による植民地化を回避するために富国強兵や殖産興業を唱え、欧米諸国が先導する工業技術を日本に持ち込み、帝国主義まで必死に真似ようとした。国内に洋風の文化を持ち込み、ガス灯がともり、鉄道が敷かれ、文明開化と騒がれたものの、武士の社会から近代国家への転換は簡単ではなかった。行政機構の整備、東京遷都、廃藩置県、身分制改革、徴兵制、税制改革、等々を強引に推し進め、西南戦争に代表される士族の反乱を抑え込んで、ようやく大日本帝国憲法が発布されたのは1889年（明治22年）のことだった。これにより二院制の帝国議会が成立した。

この国の7割を占める山岳地帯は野生動物の主たる生息環境であったが、里の人々は、スピリチュアルな意味で平地と一線を画す世界としてとらえていた。そこには文字には残されない世界があった。明治末期に山口県に生まれ、大正から昭和にかけて、各地の人々から話を聞いて歩いた宮本常一は、その著作『山に生きる人びと』の中で、近世から近代にかけて日本列島の山の中で生活していた人々の存在や、その活発な生活スタイルについて記録している。

そこには平地に生きる人々の使う道とは別に、山に暮らす人々の使う道があり、野生動物を獲って生活する狩人、主に川魚を獲り野生の動植物を加工して暮らすサンカ、今でいう林業を行う杣人(そまびと)、木工品を作る木地屋(きじや)、そうした人々がたくさん往来して､物資を里に運んでは売ったり交換したりしていた。また、塩、薪、炭、木材、農産物といった里の人々の生活に必要な物資も、山の道を通って行き来していた。さらに修験道や密教など山岳宗教にかかわる人々の使う道でもあった。こうした山の幸とともに生きる一つの狩猟採集様式としての暮らしは、中世よりも以前から長く続いてきたと考えられている。

しかし、明治近代化による時代の変化は、自然とともに生きてきた人々の暮らしも大きく変えた。それは資本主義経済が狩猟の世界にまで入り込んだことによる。先行して頻繁に戦争が起きていた欧米で軍服に使う毛皮の需要が高まって市場価格が高騰し、世界的に毛皮獣の乱獲が広がっていた。北米、アラスカ、シベリアの毛皮獣に強い捕獲圧がかかり、オホーツク海のラッコまで標的になった。外貨を稼ぐことを急いだ明治政府は、絹とともに日本の野生動物の毛皮も輸出の対象にした。そのため国内の毛皮獣が高価に買い取られるようになり、日本中で野生動物の捕獲が過熱した。また、開拓の進む農地に出てくる害獣は積極的に捕獲された。こうして、獲物を絶やさないよう配慮されてきた持続的狩猟の思想は市場経済によって吹き飛び、日本は以後百年にわたる乱獲の時代に突入した。

同時に野生動物の生息環境の攪乱も進んだ。電気はもちろん石油や石炭が使われるのはずっと後のことだから、近代という時代に日常的に消費されるエネルギーの主体は薪や炭である。そのため人口が増える地域ほど燃料としての森林の消費が増加した。また、たたらに代表される製鉄、海岸付近で行われた製塩、山の中で盛んになった養蚕といった産業は、火を燃やし続ける必要があったので、周囲の森林は大量に消費された。それ以外にも、食料増産のために新たな農地を開墾する過程でも森林は切り拓かれた。

すでに江戸時代には人の集まる場所の周囲は、はげ山と化していたが、明治以降にさらに加速した。こうして近代という時代の中で、過度な捕獲と生息環境の攪乱が日本の野生動物を追い詰め、オオカミやカワウソが絶滅し、そのほかの野生動物も地域的に消えて分布が縮小した。

1.12　生物多様性保全と大量の殺生を求める現代

歴史区分としての現代とは、日本の場合、1945年の第二次世界大戦の敗戦から現在までを指す。しかし、環境史として振り返るなら、昭和末期までを近代とするほうが納得できる。なぜなら近代化の思想は戦後においてこそ先鋭化して、工業化による高度経済成長と無邪気なほどの開発志向が、公害と大規模な環境破壊を生み出した。それは明治時代よりもはるかに激しい。

その勢いが狂乱のバブル経済を生んで一気に破綻した頃、偶然にも昭和が終焉した。世界に目を向けても、第二次大戦に続く東西冷戦という重苦しい枠組みがベルリンの壁の崩壊によって消えたのは、シンクロしたように日本の昭和の終焉と同時期であった。以後、世界が急速にグローバリズムに席巻されていったことを振り返れば、昭和の末期は人類史としても明らかな時代の節目である。

続く平成は、環境の時代の幕開けとなった。ただし、環境の時代とは地球に優しい時代の到来を意味するわけではなく、地球レベルの環境危機の時代の到来を意味する。そのことは温暖化が進む現在の状況からも明らかである。その象徴が1992年（平成4年）に開催されたリオの地球サミットであった。このとき誕生した生物多様性条約に日本も批准して、翌1993年には国内初の環境基本法が制定された。開発一辺倒の時代からの政府の方針転換に私はとても唐突な印象を受けた記憶がある。以後、地球温暖化の問題が具体的なデータを伴って浮上し、ゴア元米副大統領による「不都合な真実」のキャンペーンに代表されるように、国際協調が強く求められるようになった。

ところで、昭和の高度経済成長期に大型重機と拝金主義によって強引に推し進められた開発行為に対して、やはり戦後に輸入されて成長した自然保護の思想は強い対抗意識を持たざるをえなかった。それは野生動物を捕獲する猟師に対しても敵対的になりがちで、個々の動物の命を護ることを目的とする「動物の権利（アニマル・ライト）」などの動物愛護の思想が輸入される頃には、さらに先鋭化した。かつて仏教によって持ち込まれた殺生の禁忌が、こんどはキリスト教の国から持ち込まれたということは実に興味深い。しかしながら、今日のあふれる野生動物の問題を俯瞰するなら、社会の全体に、狩猟の社会的意義に関する理解が欠けていたと言わざるをえない。

現在の野生動物にまつわる問題の根源は、明らかに、過疎による人口の偏在と、今世紀に始まった人口全体の減少にある。狩猟者の減少は、1960年代に始まった高度経済成長が農村部の若い労働力を都市部に吸収したことに始まる。農林業の後継体制が崩れた理由と狩猟の後継体制が崩れた理由は重なっている。そして、近代化のスピードが増す中で狩猟が無意識に敬遠されてきたことは、近世に固定化された穢れ意識とつながっているかもしれない。加えて、日々、大量に供給される衛生的な食肉生産流通システムに組み込まれた、機械的な大量の殺生の現実を見えなくしたことも、穢れ意識とのつながりを無視できない。さらに言えば、命の扱いに関する教育を軽視してきたことは、現在の社会に混沌を生み出している。

今、この国は、生物多様性保全という錦の御旗の下で、増加の一途をたどる大型野生動物に対して、莫大な予算を投入して捕獲を進めている。あるいはグローバルな流通システムによってたやすく持ち込まれる外来動物に対しても、大量の殺生を求めている。ところが無意識に殺生を嫌悪するためだと思われるが、いつも初動が遅れるために、捕獲によって個体数を抑え込める適期を逸してしまい、結果的に殺生の無間地獄（むげんじごく）におちいっている。

ただし、もしここで深く考えることもなく、殺生を忌避して問題解決の努力を放棄してしまったら、これからの社会は、人獣共通感染症も含め、野生動物が持ち込む被害リスクの対処に追われ続けることになる。残念ながら、そうした事態はすでに始まっている。

私たちは自然と向き合うことの意味を、もう一度、深く考え直さないといけない。国際会議のたびに次々と輸入されてくる舶来の環境保全の言葉、いかにも明るい未来を約束してくれそうな数々の用語を、はやり言葉として扱うのではなく、その意思を日本という国の現場に落とし込んでいくためにどうすればよいか、正しく理解して、繰り返し検証して、軌道修正しながら、この国の社会システムとして定着させなくてはならない。

第２章

カモシカが特別天然記念物であることの意味

2.1　カモシカがたどった道

日本列島に現存する６種の大型野生動物のうち、ニホンカモシカ（*Capricornis crispus*）は人間との関係において他とは違う役割を担ってきた。そして、いつかその荷をおろす日が来るだろうかということを考えてみた。

本書では、以後「カモシカ」と呼ぶことにするが、分類学上、カモシカはウシの仲間である（図2.1）。そのうちのヤギやヒツジの仲間であり、カモシカ属に区分されている。日本列島の原型に人間がたどり着くより遙か昔、９万年以上前の、まだ大陸と地続きであった頃に棲みついた動物の子孫である。見た目のとおり、いかにも防寒性に優れた毛皮におおわれ、肉や内臓の利用価値も高かったせいで、古くから人間による狩猟の対象となってきた。ところが、明治以後の乱獲の時代に捕獲が行き過ぎたせいで、高山に棲む幻の動物と呼ばれるまでに減ってしまった。時の政府は、貴重な資源を失ってはいけないとの判断から、当時の最も効果的な保護措置であった特別天然記念物に指定した。そして、このことが日本の野生動物のマネジメントのはじまりというべき保護の仕組みの誕生につながった。

発端はカモシカが林業被害を出したことによる。そもそも戦争の時代にまる裸にされた日本の森林の悲劇が生み出した現象だった。林業家としては獣害を容認することはできない。しかし、国としては特別天然記念物の駆除を認めるわけにはいかない。その結果、「カモシカを駆除させろ、被害の補償をしろ」と林業家が国を訴える裁判にまで発展し、そこに自然保護団体や動物研究者が加わる大論争が始まった。

この出来事が重要であるのは、行政を含む複数のステークホルダー（利害関

図 2.1 ニホンカモシカ（富山県）

係者）が参加したことにある。文化財を扱う文化庁、林業を扱う林野庁、野生動物を扱う環境庁（2001 年から環境省）という、分野の異なる行政機関の間で、あるいは国と関係自治体の間で、大型野生動物の問題解決に向けた議論が行われ、合意形成のプロセスが試行されている。さらに重要なことは、この問題の解決のために科学的根拠が問われ、実際に大規模な科学的調査が行われたことにある。また、獣害対策の方法についても、個体数調整、保護区の設置、捕獲以外の被害防除など、国をあげて試行と検討が重ねられた。こうした経験こそが、野生動物の保護を、個人が手弁当で努力する段階から社会が主体となって実行する段階へと移行する歴史的な意味を持った。

本章で参考にした情報は、たくさんの研究の積み上げによることは当然であるが、落合啓二（2016）による『ニホンカモシカ ── 行動と生態』が生物学の視点で、常田邦彦（ときだくにひこ）（2019）が博士論文として仕上げた「カモシカの保護管理に関する研究」がマネジメントの視点で、関係する情報がほぼ網羅されたモノグラフとして優れている。前者は、40年にわたり青森県下北半島においてカモシカの行動追跡を続けた研究成果を中心にした学術書であり、後者は、環境庁の外郭団体としてシンクタンク機能を担ってきた財団法人野生生物研究センター（現「一般財団法人自然環境研究センター」）に勤務して、長年にわたりカモシカ行政の各場面にかかわった経験に基づく、詳細な情報が網羅された貴重な記録である。

2.2　カモシカの特徴

カモシカは全身がふさふさした体毛におおわれ、雌雄とも牛と同じように枝分かれしない落ちることのない角を持っている。体重は40kgほどで、体高は80cm未満、大きさに雌雄の差はない。交尾期は秋の９月から11月で、210日ほどの妊娠期間を経て４月から７月に出産する。通常は一産一子で稀に双子が生まれる。いろいろな植物を食べ、落葉広葉樹の葉、枝先、冬芽を好む。利用する植物種は地域で違いが見られる。たとえば、全国的に分布するササの利用頻度にも地域的な違いがある。行動範囲は0.1～1km^{2}で、「なわばり性」と呼ばれる同性間の排他行動の習性を持つ。土地への執着が強く行動範囲の季節的な変化は見られない。そのため生息密度が大きく変動することはない。文化庁主導の長期にわたるモニタリング調査の結果、針葉樹人工林や落葉広葉樹林が生長して森林環境が変化すると、カモシカの密度が下がることが確認されている。このことは食物資源量の低下や、見通しがよくなってなわばりの範囲が広がるせいだと考えられている。

ところで、カモシカが生物学上の研究対象となったのは、主として1955年（昭和30年）に特別天然記念物になってからのことである。黎明期ともいえる1960年代には、見つかった死体の胃内容物から食性が報告されたり、信州大学、京都大学、九州大学のグループが、野外で見つかる糞を使って密度推定をしたり（図2.2）、長野県大町市にある大町山岳博物館の飼育の取り組みから行動や繁殖に関する情報が蓄積された。1970年代になると、ニホンザルで先行していた目視による個体識別によって追跡する方法を用いて、石川県白山、秋田県仁別（にべつ）、山形県朝日山地、下北半島などで、直接観察による地道な生態研究が行われるようになった。

図 2.2　カモシカのため糞

後に詳しく述べるが、1970 年代にカモシカの林業被害が発生して、特別天然記念物カモシカの駆除要請が高まった。それを契機に、国が主導して全国的にモニタリング調査が実施され、密度調査のほか、捕獲個体を用いた胃内容物調査、繁殖状況調査、角輪（かくりん）と呼ばれる角に現れる年輪を用いた年齢査定（図 2.3)、体脂肪を用いた栄養状態の確認調査といった、いわば個体群動態に関する大規模な調査研究が、技術開発を兼ねて開始された。行動範囲の広い大型動物の生態調査には予算も時間も労力もかかるので、こうした行政主導の大型プロジェクトによる調査研究が始まったことで、カモシカに関する情報は飛躍的に蓄積されるようになった。

2.3　分布の変遷

図 2.4 はカモシカの生息分布の変遷を示したものである。最初の図は、1922 年（大正 11 年）に当時の内務省地理課の照会による各県の回答に基づいて描かれたものである。それ以外の図は環境庁のアンケート調査に基づいて描かれ

図 2.3　カモシカの角の角輪から年齢を読み取る（福井県）

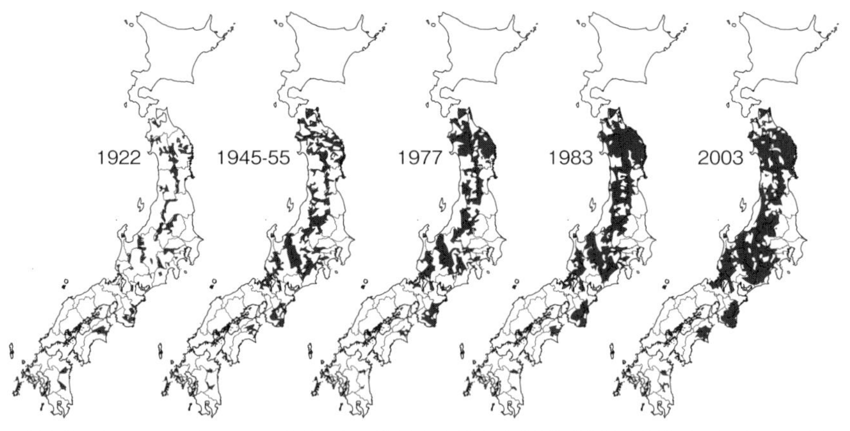

図 2.4　カモシカの分布の変遷（出典：環境省「特定鳥獣保護管理計画作成のためのガイドライン」）

たものである。このうち、1945年～1955年の図は、1983年の調査時に過去の情報を併せ聞いた結果から作図されたものである。このことから、日本列島のカモシカは、1900年代の前半には、本州、四国、九州に限られた分布をしていたものが、特別天然記念物に指定された1955年からの半世紀ほどのうちに徐々に分布を拡大してきたことが確認できる。

基本的なことであるが、北海道と本州以南では動物相の構成に明確な違いがある。それは第1章で示したとおり日本列島誕生の経緯によるもので、北海道と本州を隔てる津軽海峡が動物地理学上の境界（図1.1、p.16）となったことによる。そのためカモシカは北海道に生息しない。

カモシカの分布の変遷にはいくつか注目すべき点がある。一つは、九州や四国に分布するにもかかわらず、中国地方には生息していないことである。もともと生息不適地であったという自然的理由によるものか、それとも人為的な理由によって消えたのか、ということが論点になる。もう一つの注目すべき点は、2018年に実施された環境省の最新調査による分布図（図2.5、図2.6）の中で、2003年以降に増えた地点がある一方で、各地に分布の消えた地点が確認されることである。増えた理由よりも、むしろ同時期にいなくなった理由こそ重要である。

それはカモシカ駆除の成果であるのか、生息環境の変化によるのか、あるいは集団行動をするシカの密度が高まったことで、なわばり性を持つカモシカが忌避した結果であるのか。あるいは活発になったシカやイノシシの人による捕獲行為の影響によるものか。ひょっとすると聞き取りやアンケートという調査法に付随する問題であるかもしれない。たとえば、かつてはたくさんの人が頻繁に山に入っていたので情報量が多かったのに対し、現在は日常的に山に入る人が減ったので、地域によっては得られる情報そのものが希薄になったということも考えられる。

それぞれの地域で事情が異なるのは当然であるから、カモシカの生息情報が消えた理由を地域ごとに確認して、マネジメントのあり方を考える基礎情報として整理しておく必要がある。

2.4　マタギによるカモシカ猟

人類は何万年も野生動物を獲り続け、時には襲われながら生き延びてきた。そんな人類史を教科書的に理解しても、それぞれの地域でどれほど野生動物を捕獲していたかという詳細を知ることはできない。ずっと古い時代のことは、考古学分野の、古代人の居住跡などから発掘される骨の同定などが、その時代

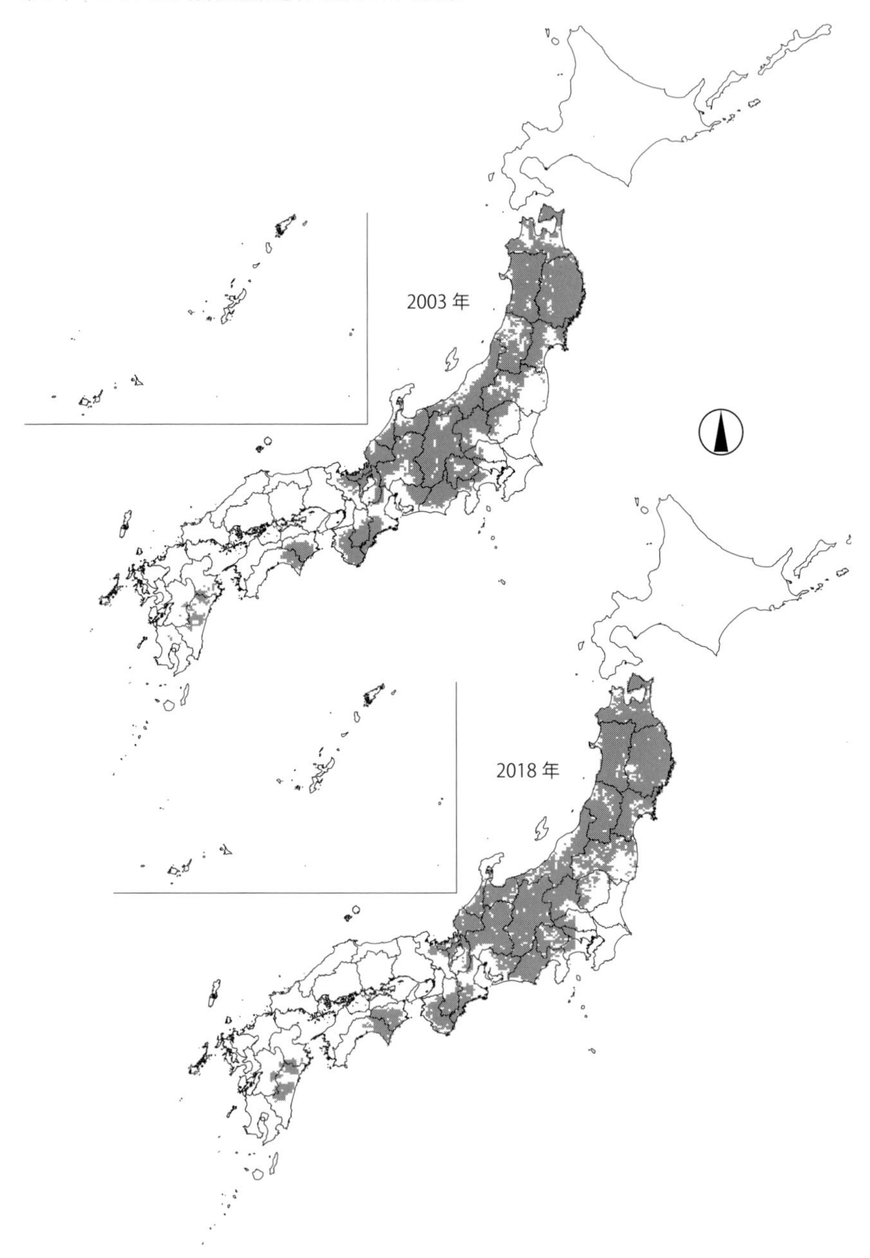

図 2.5　カモシカの分布の変遷（出典：「平成30年度（2018年度）中大型哺乳類分布調査調査報告書　クマ類（ヒグマ・ツキノワグマ）・カモシカ」環境省自然環境局生物多様性センター　https://www.biodic.go.jp/youchui/reports/h30_chuogata_houkoku.pdf）

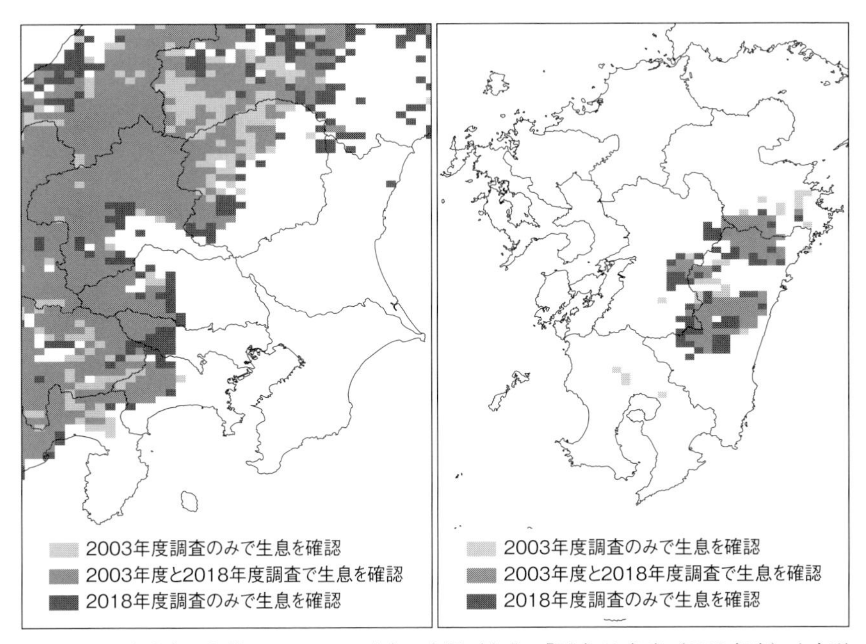

図 2.6　関東地方・九州のカモシカの分布の変遷（出典：「平成 30 年度（2018 年度）中大型哺乳類分布調査調査報告書　クマ類（ヒグマ・ツキノワグマ）・カモシカ」環境省自然環境局生物多様性センター　https://www.biodic.go.jp/youchui/reports/h30_chuogata_houkoku.pdf）

を予測する貴重な情報源となる。その後の時代については、民族学（文化人類学）、民俗学、歴史学などによって、たとえば、古文書から動物に関する情報を拾い出すことができる。国内の地域間あるいは国外との交流が盛んだった時代には、交換された物資の一覧から動物の毛皮や干物などの記録を読み取ることができる。そうした記録は近世になるほど増える。さらに現代に近づくほど、生存する古老からの聞き取りによって、たとえば、狩猟に関する詳細な情報が得られるようになり、柳田国男につらなる民俗学者たちが重要な記録を残している。

第二次世界大戦後から高度経済成長の始まる 1960 年代あたり、今からほんの半世紀ほど前までは野生動物の資源的価値は高かった。なかでも、カモシカはとくに価値が高かった。下毛の多いふさふさの毛皮は防寒機能が高く、着衣、蓑（みの）、靴などに使われた。これだけの毛皮は日本に棲む他の大型動物にはない特徴である。やはり毛皮獣として重宝されたウサギ、テン、ムササビなどの中小型哺乳類も、大きさではカモシカにかなわない。また、食料の乏しかった地域ほど、肉、内臓、骨の髄まで、貴重な栄養源として、あるいは薬として食されていたことは疑う余地もない。さらに雌雄ともに持っている角は釣りの疑似餌として利用された。

そんなふうに余すところなく利用できる動物だったから、猟師たちは山でカモシカを獲っては里に下りて換金し、米などと交換した。冷蔵庫もない時代のことだから、野生動物の資源的価値を最大限に活かすために、狩猟は気温の低い晩秋から初春の間に主に行われた。干し肉にするにも、油ののった肉や内臓を腐らせないためにも冬がよい。冬には下毛が多く毛皮の質も良い。とはいえ、冬という厳しい季節に急峻な雪山に入って捕獲することは素人にはできない。そのため、地域の地理的条件に適した狩猟技術を確立した集団が発生して、技術を継承してきた。なかでも先進的で、換金性という点からシステマティックな狩猟を広域に展開した集団が、マタギと呼ばれた人々である。

『越後三面山人記（えちごみおもてやまんどき）』や『マタギ ── 森と狩人の記録』を書いた狩猟文化研究者の田口洋美は、新潟県三面（みおもて）、秋田県阿仁（あに）、長野と新潟の県境に位置する秋山郷といった、マタギの里として知られる地域を旅して、古老から聞き取りを重ね、マタギと呼ばれた人々が地元にとどまっていたのではなく、山の尾根筋を通り、東北から中部山岳地帯の各地へと移動し、場合によっては北海道にまで足を延ばして、獣を獲っては里に下りて換金する旅マタギと呼ばれる生活をしていた人々の情報を掘り起こした。民俗学者の宮本常一が書いた『山に生きる人々』にも、秋田のマタギから聞いた話として、山伝いの道を大和の山中まで行ったという話が出てくる。そして、こうした人たちが狩猟の技術を各地に広めた可能性が指摘されている。

カモシカは、その生態的特徴であるなわばり性のせいで、あまり移動しない。また敵の近づきにくい岩場に立ちつくす習性がある（図2.7）。そのため厳しい雪山で捕獲技術を確立した狩猟集団にとっては実に獲りやすい獲物だった。銃がなかった時代には、棒の先につけたナガサと呼ばれる山刀で後ろから刺したり叩いたりして獲ったというから、まして銃を使う時代に狙い撃ちをすることなどたやすかったに違いない。雪のない季節なら、腐らないよう、すぐに里におろせる距離の範囲で、獣の通り道に重しを使って圧し潰すヒラと呼ばれる罠（わな）

図 2.7　岩場で休むカモシカ（和歌山県）

を仕掛けて獲った。これは現在では禁止猟法となっている。

ところで、マタギの獲物はクマというイメージが強くなった理由は、カモシカが特別天然記念物になって捕獲が禁止されてからのことだ。クマノイ（干した胆のう）はいまだに高価に取引されるが、クマの生息密度は低く行動範囲も広い。また冬の間は冬眠してしまうので、クマを捕獲できる確率は低い。まして猛獣であるから捕獲するにはカモシカ以上に危険が伴う。だからこそクマノイの希少価値は高く、高価な医薬品として扱われたのだが、カモシカのほうがずっと手軽に収益につながる動物だった。

2.5　中国山地のカモシカ

先に書いたように、東北から四国や九州までカモシカが現存するのに、本州の中国山地にカモシカが分布していないことはきわめて不自然である。

少なくとも広島県の縄文時代の堆積物からはカモシカの骨が産出されているほか、平安時代の『延喜式（えんぎしき）』には安芸（広島県）が、江戸時代の『江戸諸国産物帳』には出雲（島根県）が産地として記載されている。長くカモシカの生態研究を続けてきた落合啓二は、中国地方のカモシカの分布が消えた理由として、森林伐採が古くから行われていたこと、さらに全般になだらかな地形のせいで逃げ込める岩場や急峻地が限られ、狩猟の影響を強く受けた可能性があると書いている。おそらく間違いないだろう。

紀伊半島、中国、四国、九州といった西日本各地の山間部にも、積極的に狩猟を行う人々がいた。中国山地は高低差が小さく山陰ほど雪が多かったことを考えると、中国山地でカモシカを獲ることはたやすかったはずだ。まして資源的価値の高い獲物だからこそ、獲りつくしてしまった可能性が高い。

また、古くから、たたら製鉄、製塩、養蚕など、火を焚き続ける産業が大規模に行われてきた地域であるため、人々は早くから森林を使いつくしていた。環境庁が1979年（昭和54年）に発表した自然環境保全基礎調査・第2回調査の植生図の中国山地を見ると、荒地から最初に再生するアカマツ林が広大に広がっており、人の利用の色濃い植生となっている。現在、そのアカマツ林は落葉広葉樹林や常緑広葉樹林へと移行する遷移の途上にある。

こうした森林の破壊がカモシカに及ぼした影響や、専門猟師の活躍、1,600年間にわたって製鉄という重労働に携わっていた多くの人々が、仕事の合間に、たんぱく源や毛皮を求めて野生動物を獲っていた可能性などを想像する。中国山地では他の大型野生動物も不自然な分布をしており、カモシカが消えた理由は人為的影響によると解釈することは間違いではないだろう。

2.6　資源保護から天然記念物保護へ

以上のような状況から推察すると、カモシカの分布は乱獲の近代に入る前から抑え込まれていた可能性が高い。そのため、社会が必要とする換金性の高い資源の枯渇を回避することが為政者に求められ、明治政府は狩猟に関する規制を行った。

明治維新直後の1873年（明治6年）に、早くも狩猟に関する法律上の規制として鳥獣猟規則が定められ、銃猟にかぎって免許鑑札制、狩猟地域や期間の制限などが定められた。鳥獣猟規則は1895年（明治28年）に狩猟法となり、その後も法改正が重ねられて現在に至っている。そして、需要の大きいカモシカがようやく狩猟獣から外されて非狩猟獣となったのは、半世紀も後の1925年（大正14年）の狩猟法施行規則においてのことだった。

一方で、1919年（大正8年）に史蹟名勝天然紀念物保存法が制定されたとき、これを所管する内務省が都府県に問い合わせ、1921年から1922年にかけてライチョウとカモシカの生息状況調査が行われている。それが図2.4に示した最初の分布図である。これによってカモシカの著しい減少が公式に認知されるところとなった。需要の高い動物を狩猟獣から外すことに猟師は反発するものだから、この調査結果が非狩猟獣に指定するうえでの強い根拠となったことは間違いない。

狩猟獣から外されたカモシカは、1934年（昭和9年）に天然記念物に指定された。先にあげた常田邦彦は文化庁の公開資料の中から指定の経緯に関する文書まで発掘しているのだが、天然記念物指定の前に、当時の東京帝国大学農学部教授であった鏑木外岐雄（かぶらぎときお）が「羚羊（かもしか）保存に関する意見」というものを政府に提出している。また宮崎県知事も、絶滅の危機にある宮崎県のカモシカを県独自に天然記念物に指定して、管理は宮崎県が行うとの文書を提出していた。その理由は、非狩猟獣となった後にも現場ではそのことが周知されず、カモシカが頻繁に狩猟されていたことによる。

これらを受けて当時の文部省は宮崎県に限定せず、種指定で天然記念物に指定した。その際、史跡名勝天然記念物保存要目の動物の部の第一に記載された、「現時日本に存在する著名の動物にして世界の他の部分に未だ発見されざるもの」を根拠としており、特別な場合を除いて史蹟名勝天然紀念物保存法で捕獲を禁止したのである。しかし、戦争が進む中で肉や毛皮という資源を必要とする軍部の要請を受け、自治体から文部省あてにカモシカの捕獲許可を要請した文書が残されている。このことからも、実際には捕獲が抑制できたわけではなかったことがわかる。さらにいえば、戦争前後の人々が困窮する時代にあって食料として価値のある動物が獲られなかったはずもないということだ。

戦後すぐの1950年（昭和25年）に起きた法隆寺金堂の火災をきっかけにして史蹟名勝天然紀念物保存法が廃止となり、「文化財保護法」が成立した。その機会をとらえて1955年（昭和30年）にカモシカは特別天然記念物に種指定された。それでも戦後の混乱期にあって密猟は横行していたのだが、1959年（昭和34年）の密猟摘発事件によって、カモシカに関する全国的な流通組織が壊滅し、カモシカ保護の思想の普及と社会的監視が強まった。これによりカモシカの捕獲が厳しく制限される時代が始まった。そして、この時点からカモシカの個体数は確実に増加を始める。

2.7　林業被害と三庁合意

カモシカという動物は天然林では低密度で安定しているものの、森林伐採によって一時的に下層植物が繁茂すると食物条件が好転して高密度になる。やがて樹木が生長して森林の樹冠部が閉鎖し、陽当たりが減って下層植物が減少してくると、カモシカの密度は再び下がることが確認されている。それは国による継続的な調査の積み重ねによって見えてきたことである。

実は、カモシカが特別天然記念物に指定され、捕獲が厳しく監視された時代とは、まさに国をあげて拡大造林政策が積極的に推し進められた時代でもあった。広大な造林地がカモシカの口先に幼齢木の葉先という良好な食物を供給することとなり、おまけに厳格に捕獲が規制されていたものだから、カモシカは必然的に増加して、1970年代に入る頃には林業被害が発生した（図2.8）。

このことは鳥獣行政に大きな転換をもたらすきかっけとなった。経緯の発端はシンプルなもので、林業被害が出ているのだから害獣は駆除させろという林業者の要求による。しかし、文化財を駆除することなど簡単に許可できるものではなく、特別天然記念物の指定を簡単に解除できるはずもなかった。日本自然保護協会などの自然保護団体からはカモシカ保護に向けた意見書や請願書が出され、日本学術会議からもカモシカ捕獲への反対表明が出された。しかし、被害者からの不満の声は大きくなり、陳情、請願が繰り返され、国会審議にまで発展して、1978年（昭和53年）には全国カモシカ被害連絡協議会が結成されるほどの騒動になった。

こうしてカモシカ保護のあり方に関して、被害者団体、保護団体、学術関係者、そして行政を巻き込んで激しい議論が展開され、国会に持ち込まれるほどの事態となった。そのため、当時の文化財行政を所管する文化庁、鳥獣行政を所管する環境庁、林野行政を所管する林野庁がカモシカに関する連絡協議会を設置して、役割分担をしながら、カモシカの生息状況調査、被害実態調査、保

図 2.8　伐採跡地で採食するカモシカ（長野県諏訪市）

護柵などの被害防止の試験を開始し、生け捕りを前提とする捕獲が試験的に実施されるようになった。だからといって被害者側の不満が解消されたわけではなかった。

そして、1979 年（昭和 54 年）に「カモシカの保護及び被害対策について」という、文化庁、環境庁、林野庁による、いわゆる“三庁合意”の文書が公表された。それは次のようなものである（下線は筆者による）。

1. カモシカの生息状況、被害の状況、森林施業に配慮しながら保護地域を設定して、特別天然記念物の種指定から地域指定に切り替える。
2. 保護地域内ではカモシカの捕獲は認めず、管理機関を定めて、地域内の管理計画を定めて、カモシカの保護と被害対策の徹底を図る。
3. 保護地域外では被害防止に努めながら、被害の状況に応じて公的機関が麻酔銃の使用等の有効適切な方法により、個体数調整を認める。
4. カモシカによる被害の補填については、現行制度・施策を適用して対処する。

これこそが日本のワイルドライフ・マネジメントの起点となる文書であり、初めて世に提起されたものである。これにより、順次、15地域を目標とする保護地域の指定作業が進められ、保護地域内を文化庁、地域外を環境庁によって個体数調査が実施され、カモシカの捕獲が許可されるようになった。こうした努力の継続によって、1985年（昭和60年）に岐阜県の被害者同盟が提訴した損害賠償訴訟は、7年後の1992年（平成4年）に取り下げられた。

今から40年ほど前の、関係する行政官たちが尽力した三庁合意の内容、科学者を含む専門委員会の設置、国と自治体との間の合意形成のプロセスは、いわゆる縦割りと呼ばれる行政内部での分野横断の調整と連携の前例となり、鳥獣行政システムの有効なモデルとなった。これを形式だけのことにしないで、実効性を伴うように機能させ、標準化すること。それは情報ネットワークの時代になってもなお、宿題として残っている。

2.8　未完の保護地域指定

保護地域の指定作業は、被害問題の大きかった北アルプスから始まり（1979年完了）、1989年（平成元年）に紀伊山地が指定されて、本州の13の地域が指定された（図2.9）。しかし、四国山地と九州山地は現在でも未指定のまま、三庁合意で提起された事項は棚上げになっている。すなわち、特別天然記念物の種指定を地域指定に切り替え、保護地域を文化財保護法に基づく保存の対象としたうえで、保護地域外では鳥獣法に基づいて駆除を可能にするという、被害者の意向に応える三庁合意の目標は達成されていない。そこにはいくつか理由がある。

文化財保護法の記念物制度では現状変更が問題となる。たとえば、種指定の場合はすべての個体の捕獲や死に至らしめる行為は現状変更にあたる。一方、種としての特別天然記念物指定が解除され、カモシカの保護地域が天然記念物地域に指定された場合は、対象地域内の自然の現状変更はほぼできなくなる。それによって林業どころかすべての土地改変行為もむずかしくなる。

このことは地域指定への高いハードルとなった。そのため、本州の保護地域

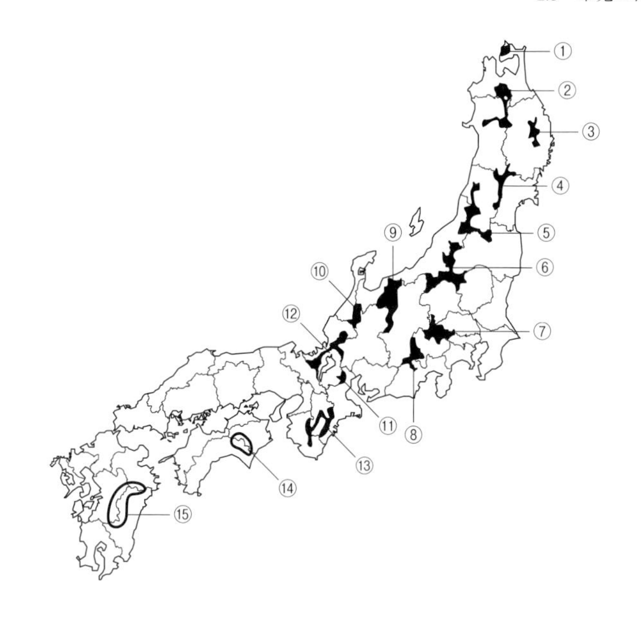

カモシカ保護地域の設定状況

保護地域名	設定完了年月	面積（ha）	都道府県名
①下北半島	1981（昭和56）年　3月設定	37,300	青森
②北奥羽山系	1984（昭和59）年　2月設定	105,000	青森・秋田・岩手
③北上山地	1982（昭和57）年　7月設定	41,000	岩手
④南奥羽山系	1984（昭和59）年 11月設定	57,700	秋田・岩手・山形・宮城
⑤朝日･飯豊山系	1985（昭和60）年　3月設定	122,000	山形・福島・新潟
⑥越後・日光・三国山系	1984（昭和59）年　5月設定	215,200	福島・新潟・栃木・群馬・長野
⑦関東山地	1984（昭和59）年 11月設定	79,000	群馬・埼玉・東京・山梨・長野
⑧南アルプス	1980（昭和55）年　2月設定	122,000	山梨・長野・静岡
⑨北アルプス	1979（昭和54）年 11月設定	195,000	新潟・長野・静岡
⑩白山	1982（昭和57）年　2月設定	53,700	新潟・長野・富山・岐阜
⑪鈴鹿山地	1983（昭和58）年　9月設定	14,100	富山・石川・岐阜・福井
⑫伊吹･比良山地	1986（昭和61）年　3月設定	67,500	岐阜・滋賀・福井・京都
⑬紀伊山地	1989（平成元）年　7月設定	79,500	三重・奈良・和歌山
⑭四国山地			徳島・高知
⑮九州山地			大分・熊本・宮崎

図 2.9　カモシカ保護地域（環境省資料から作成）

については、おおむね標高の高い、ほぼ林業に適さない場所が候補とされ、すでに国立公園の保護地域や自然環境保全地域に指定されている地域が対象となった。ところが伝統的な林業地帯として山の上まで民間の林業が行われてきた四国や九州では、合意に至るはずもなかった。

それならば、四国や九州での保護地域の設置を諦めて、本州の13地域だけで三庁合意の目標達成に向けて突き進むという選択もあったではないかと考えるのだが、そこには自然保護団体を中心に展開された種指定解除に対する強い反対運動と、検討会に加わった有識者たちの学者としての自負がブレーキとなった。

実は、本州で設置された標高の高い保護地域は、カモシカの生息分布域の中心エリアをカバーしていたわけではなく、面積も非常に狭かったから、カモシカ個体群の保護が担保できるものではなかった。もし、それを容認して種指定を解除していたら、当時の委員会のメンバーは「御用学者」のそしりを受けて糾弾されていただろう。さらに言えば、もし、国立公園地域がカモシカ保護地域に指定されたなら、自然公園利用のすべてが文化財保護法の現状変更の対象となって、これもまた面倒なことになっていたに違いない。

こうして、13の保護地域の選定は進んだものの、2地域が未確定のまま棚上げされ、種指定は解除されないまま、ある意味で玉虫色の選択がされて現在に至っている。しかし、その政治選択は間違いではなかったろう。なぜなら、未確定の四国や九州も含めてカモシカ保護地域の対象となった地域では、文化財保護法の下で文化庁がモニタリング調査を継続しており、保護地域外については環境庁管轄の鳥獣行政の下でモニタリング調査が実施されてきた。

さらに、被害者団体の声にこたえるために保護地域外では捕獲が認められたこともある。その場合も、文化財保護法による現状変更手続きを伴い、鳥獣法では非狩猟獣として、捕獲にあたっては有識者による検討をふまえるといった、慎重な対処がされたのである。これらはすべて野生動物のマネジメントのシステム整備に向けた礎石となった。

1999年に鳥獣法の中に特定鳥獣保護管理計画制度（以下、特定計画制度）という科学的に野生動物をマネジメントする仕組みが誕生して、特定計画に基づく個体数調整という捕獲が実施されることとなり、カモシカもその対象となった。ここから先は、法制度上は、野生動物は科学性を踏まえないまま捕獲に走ることができないように制御されて、今日に至っている。

2.9　マネジメントの始まり

三庁合意という経験が、この国の野生動物保護における重要なターニング・ポイントとなったとする理由は、野生動物の問題に対して、科学性を重視し、専門家を含めた議論の場を設置して、科学的情報に基づいて検討を重ね、合意形成によって方針を定めるというプロセスが開始されたことにある。

三庁合意の公表とその先の運営にあたり、文化庁はカモシカの保護管理の方針を定めるために、生態学や林学といった関連分野の専門家を招集して、自然科学的にも社会科学的にも議論を重ねた。はじめに「特別天然記念物カモシカ問題検討会」が設置されて（1978 年）、その検討結果が文化庁長官あて答申された。次に「カモシカ問題ワーキンググループ」が設置されて（1979 年）、保護地域の設定や保護地域外のカモシカの扱いに関して科学的な考え方がまとめられ、同年に三庁合意が公表されている。

このとき、種指定解除が前面に出たことは、被害者団体の圧力に対する政治的判断によるのかもしれないが、かかわった研究者らの側には、カモシカ保護を模索して、理想的な保護地域の確保、モニタリング調査の実施、管理機関の設置といった、ワイルドライフ・マネジメントの理想像を具体化するための駆け引きがあったと想像する。そうした強い意思がなければ、あのような三庁合意文書は描けるものではない。

その後、同ワーキンググループによって捕獲のあり方や保護地域の候補地などの検討が進められ、行政による保護地域の設置作業が進み、1983 年（昭和 58 年）には新たに「特別天然記念物カモシカの保護管理方策委員会」が設置されて、「カモシカ及びその生息地の保護管理計画の基本方針及びマニュアル」が策定された。その基本方針に沿って 1985 年（昭和 60 年）から、カモシカ保護地域の通常調査と特別調査が開始されることとなった。

さらに 1986 年（昭和 61 年）からは、「カモシカ保護地域の保護管理に関する実施方針検討会議」と「同ワーキンググループ」が設置され、施策やモニタリング調査の結果に関する評価が行われるようになった。そして 1994 年（平成6年）には文化庁によって「カモシカ保護管理マニュアル」が作成され、本州の13の保護地域と保留中の四国と九州の保護地域を対象に、管理主体となる関係自治体の教育委員会に対する指導・助言機関として、「カモシカ保護地域管理指導委員会」が設置された。

もちろん、こうした検討の場が有効に機能するかどうかは、委員として参加する専門家の意思や意欲によるが、科学に基づく議論の場が公式に生み出されたことの意義は大きい。さらに、1999年（平成11年）に鳥獣法に創設された特定鳥獣保護管理計画制度によって、翌年に環境省が準備した「特定計画策定のための技術マニュアル」、および2010年（平成22年）の「ガイドライン」によって、保護地域外のカモシカの保護に向けて、科学性、計画性が法制度上は担保された。なにより特別天然記念物の種指定は解除されていないため、文化財保護法による現状変更などの手続きの上で手間がかかるので、密猟でないかぎり捕獲は厳格に実施されている。

2.10　文化財指定を外せない理由

以上のような歴史的経緯を経たカモシカは、この先も特別天然記念物として扱われることが妥当であるか、その是非について考えてみる。

本来、狭い国土に人と野生動物が暮らしているのだから、大型野生動物が人間生活に害をもたらすことは避けられない。そこには、なんらか防除の工夫をしなくてはならない。あるいは、狩猟の獲物としての価値が残るのであれば、種の存続のために狩猟圧をコントロールする必要もある。もしも科学的根拠を積み上げながら適切にカモシカをマネジメントすることが可能であれば、文化財保護法の指定を解除して鳥獣法の下に一本化したほうが、生態系を視野に入れたマネジメントを遂行していくべき将来のことを考えても、妥当な選択である。

そもそも昭和の初頭、まだ野生動物の資源利用が当たり前であった時代に、資源の枯渇を防ぐために天然記念物指定を決定したわけだが、関係者たちの頭には、やがて保護増殖が成功したら指定を解除する、ということは念頭になかっただろうか。私は、そのような時が来れば解除できると考えていたはずだと勝手に想像する。おそらく、当時のカモシカの高い換金性、今よりもはるかに多い猟師たちの捕獲意欲、奥山での捕獲の監視などできない現実を前にして、とても口に出せる状況ではなかったのではなかろうか。

そして、カモシカが増加した現在、問題はどこにあるだろう。おそらくカモシカを一般鳥獣とした場合に、相変わらず、その保護が担保されるかどうかはわからないという疑念が払拭(ふっしょく)できないことにある。だから、残念ながら今はまだ解除できる状況にはない。それは野生動物の保護を遂行するために必要なマネジメントの仕組みが未完成であることによる。

もし特別天然記念物指定が解除されて普通の野生鳥獣となったなら、すべてが狩猟獣であることを前提とする鳥獣法の論理として、まず、非狩猟獣の対象にするかが問われる。ここで意見は分かれるかもしれない。これまで特別天然記念物だったのだから急に狩猟獣にするなんてとんでもないとする意見の一方で、古くから狩猟の獲物として価値が高かったのだから、狩猟者は狩猟獣とすることを強く要望するだろう。そもそも狩猟獣にできない状況であったなら記念物指定の解除などできないはずだ。

さらに、仮に非狩猟獣となったとしても、被害が発生したなら、被害者の要請に応じて自治体は有害捕獲の対象にできる。現在の捕獲が抑制ぎみであるのは、あくまで文化財の現状変更手続きが面倒であることによるので、特別天然記念物でなくなれば射撃の的となる可能性は高まる。狩猟獣であるか否かに関係なく、有害捕獲こそが無制限の捕獲につながるという現実がある。ここに鳥獣法の問題の一つが潜んでいる。

ならば特定鳥獣保護管理計画制度の対象にして、科学的知見に基づいて計画的に管理していけばよいはずだ。しかし、現在の鳥獣法では、特定計画の対象種はあくまで自治体の任意の選択となる。自治体が特定計画の対象とする動物とは、シカやイノシシのように個体数や密度が増加して、被害の問題も大きく、行政予算を投入して捕獲を強化する必要のある動物である。あるいは、クマやサルのように計画に基づいて抑制的に捕獲を進めないと個体群の存続が危うくなる動物であり、自然保護世論がついてまわる場合に選択される。もちろん特別天然記念物という経歴を持つカモシカは特定計画の対象として扱われると思いたいが、それは確約されているわけではない。

さらに書き加えなくてはならないことは、たとえ自治体がカモシカの保護管理計画を作ったとしても、そこに、どれほどの科学性が担保されるものか疑わしいことによる。その理由の一つは、人口減少によって自治体が財政難と人材不足に陥っていることによる。もう一つは、いまだに鳥獣行政の社会的地位が低く、優先度が低いことによる。

このように特定計画制度の基本理念がいまだに担保されない現状の中では、特別天然記念物に指定されているからこそ、カモシカのモニタリング調査は継続され、その保護が担保されていると判断せざるをえない。かつて、カモシカ問題に直面し、ワイルドライフ・マネジメントの確立に尽力した人々の理想は、いまだに達成されていない。

2.11　法的根拠がない

ところで、そもそも特別天然記念物の種指定を解除することに法的根拠を見出すことはできるのか。実は、それはなかなかにむずかしい。他の大型動物では決して対象にされることのなかった国による特別天然記念物の種指定は、生物学的視点とは別の理由に基づいている。

文化庁記念物課所管の文化財保護法「特別史跡名勝天然記念物及び史跡名勝天然記念物指定基準」に記載のある、1951年（昭和26年）に定められた指定の基準は次のようなものである。

「次に掲げる動物植物及び地質鉱物のうち学術上貴重で、我が国の自然を記念するもの」としたうえで、動物の項では、「① 日本特有の動物で著名なもの及びその棲息地、② 特有の産ではないが、日本著名の動物としてその保存を必要とするもの及びその棲息地、③ 自然環境における特有の動物又は動物群聚、④ 日本に特有な畜養動物、⑤ 家畜以外の動物で海外より我が国に移植され現時野生の状態にある著名なもの及びその棲息地、⑥ 特に貴重な動物の標本」となっている。

カモシカはこれに該当するとして指定された動物であるから、自然科学的視点ではなく、自然を記念するという文化財としての価値が指定の根拠となっていることがわかる。こうなると、それを解除する理由は見出せない。今なら、「日本で初めて科学的根拠に基づくワイルドライフ・マネジメントの仕組みを生み出すきっかけとなった野生動物として、歴史の記憶に残すべき文化的価値を有する」ということを、文化財指定の理由に付け加えることすらできるだろう。

以上のことを踏まえれば、カモシカの特別天然記念物種指定を解除するには、文化財保護法の改定が行われないかぎり無理ということになる。とはいえ、被害を出すからといって特別天然記念物の種指定を解除しなかった半世紀前の行政判断、その結果、未完成とはいえカモシカ保護地域内のマネジメントを文化庁が対応し、それ以外は環境庁が鳥獣法にしたがって対応するという措置は、もっとも現実的な選択であったということだ。

2.12 カモシカの現在

現在の鳥獣法における大型野生動物の保護の実状は、およそ、簡便に得られる分布情報を収集し、分布のまとまりを定期的に把握して、対象種の生態特性に応じて健全な集団を存続させるに足る分布面積が確保されているか、あるいは縮小傾向にないかを監視していくことで対応している。その監視は、自治体が必要に応じて策定する特定計画に基づくモニタリング調査、あるいは環境省の生物多様性センターが自然環境保全法に基づいて実施する自然環境保全基礎調査に基づく分布調査による。

分布の孤立性が高まった集団については、環境省が絶滅の危険性を評価するレッドリストの中で「絶滅のおそれのある地域個体群（LP：Threatened Local Population）」に指定して、警告を発する仕掛けになっている。現在、カモシカについては、四国、九州の孤立個体群がその対象となっており、文化庁が生息状況をモニタリングしている。

全国的に見れば、カモシカの分布域は拡大し続けており、とくに東北や北陸の自治体では平野部の農地から市街地、地域によっては海岸線にまで出没して問題が生じている（図 2.10）。このことに対処する方法は、他の大型動物と同様に空間的排除の方向でとらえる必要があるだろう。ただし、文化庁が保護地域を対象に実施してきた密度調査の結果からは、全国的に密度の低下が読み取れる。その理由は、生長にともなう森林構造の変化によるものと考えられている。野生動物の密度の低下は個体群の存続に影響するので注意を要する。

もう一つ、現在のカモシカの保全上で重視すべき論点は、全国的に増加して

図 2.10　キャベツ畑に出てきたカモシカ（群馬県）

密度が高まるシカによって、なわばり性を持つカモシカが空間的に排除されることの影響、もう一つは、シカやイノシシに対する積極的な捕獲強化策がカモシカに及ぼす影響にある。とくに罠によってカモシカが誤捕獲されることが懸念材料である。さらに、分布域の周辺で生息情報が消滅した地域について、その理由が把握されていないことは問題である。こうしたことは簡便な分布調査では読み取れないので、やはり分布情報の消滅や密度低下の原因確認が必要である。

現在、文化庁管轄のカモシカ保護地域ならば特別調査などのモニタリング調査が実施されているが、保護地域外においては、カモシカを捕獲する意思が自治体になければ特定計画は策定されない。その結果、モニタリング調査は実施されず、密度のような踏み込んだ生息情報は把握されない。各地のカモシカ個体群の動向把握が遅れれば、保全に向けた対策は後手に回る。このことは慎重に取り組む必要がある。

第3章

シカと生態系と人間の関与

3.1　シカ問題の本質

シカはカモシカと似たような体つきで、同じように植物を食べる大型動物であるのに、その生態はまるで違う。なわばり性を持ち孤高のイメージを持つカモシカに対して、シカは群れる。その密度が高まると森林に大きなダメージをもたらす。そのことを20世紀末になって初めて、実態として私たちの知るところとなった。

今では、シカの影響による急激な森林の変化が日本各地で確認されて、人はその管理にてこずっている。生態系の隠れた一面に遭遇して動揺しているというのが正しい評価だろう。そして、過去を振り返りながら、生態系への人間の関与の意味を思い知らされている。シカとの闘いとも言えるこの経験を通して、日本の自然保護は明らかに発想の転換を強いられている。

日本に生息するのはニホンジカ（*Cervus nippon*）（図3.1）で、ロシア極東地域、中国東部、朝鮮半島、台湾、ベトナムなど、東アジアに広く分布している。現在の日本列島に棲むニホンジカは、エゾジカ、ホンシュウジカ、キュウシュウジカ、ツシマジカ、ヤクシカ、という亜種に細分されているが、近年の遺伝子技術によって日本列島に進入した時期の異なる集団がいたことまでわかってきた。ニホンジカはかつて狩猟獣として好まれたので、ヨーロッパ、アメリカ、ニュージーランドに人為的に持ち込まれて、たとえばスコットランドでは近縁のアカシカとの交雑といった外来動物問題を起こしている。本書では「シカ」という一般呼称で話をすすめる。

植物を食べる動物は、人による森林の扱いに素直な反応を見せる。たとえば、伐採によって陽当たりがよくなれば地表面の植物が増える。それを食べてシカ

図 3.1　ニホンジカ（岩手県大船渡市）

の栄養が好転して、繁殖力が増す。増えたシカは人の植えた苗木の芽を食べ、樹皮を剥ぎ、林業被害を起こす。農地に出れば農作物を食い荒らす。牛馬の放牧場として、あるいは緑肥や小屋の材料を得るために古代から維持されてきた草地は、シカの採食場となってきたに違いないが、そこでは持続的にシカが獲られていた。肉はもちろんのこと皮もさまざまに利用できる重要な資源だったから、害獣とはいえ山の恵みでもあった。今は、その関係が失われている。

歴史の中で人の生活様式が変化すれば人による生態系への関与も変化する。さらに、野生動物にも影響して、保たれてきた生態系のバランスが崩れる。これが現在のシカ問題の本質である。現象はゆっくりと現れて、ふと気づけば各地の自然公園で個性ある生物多様性が消滅の危機に瀕している。新たな社会像に応じて生態系のバランスの良い状態というものを見つけ出そうとするのだが、日本の社会はシカ問題に気づいてから 30 年を経たというのに、いまだに問題解決の方向を見出せていない。過疎や人口減少とともに、狩猟、農業、林業を通して長く野生動物と向き合ってきた人々を失い、効力あるノウハウを引き継ぐことを忘れてきたせいかもしれない。

3.2　マネジメントの突破口

もちろん単に時間を浪費していたわけではない。シカの捕獲強化に向けて、なんども法制度を改定して、捕獲手法の検討、担い手探し、あるいは生息環境の管理についても模索が続けられてきた。その試行のすべては日本のワイルドライフ・マネジメントの形作りに貢献してきた。

欧米で研究事例が多かったことも背景にあるが、カモシカと同様に、林業被害対策のために行政主導の調査研究が進められたことがシカに関する科学的情報を充実させた。1970 年代、1980 年代に、北は北海道、岩手県五葉山（ごようざん）、宮城県金華山、栃木県日光、神奈川県丹沢などで、シカと植物、あるいは雪との関係についての生態研究が進んだ。また、神社ジカとして古くから保護されてきた奈良公園、宮城県金華山、岩手県五葉山などでは、長期にわたる観察によって、動物社会学や動物行動学の研究が進んだ。山岳地域の急峻な地形条件下で、他種と比べて姿を見つけやすく痕跡も発見しやすい。こうした生態的な特徴によってカモシカと同様に密度調査の技術開発が進んだことは、鳥獣行政におけるモニタリング調査の理解や定着につながった。それはマネジメントの仕組み作りの重要な突破口となった。

1980 年代初頭になると、シカを生け捕りして発信機を装着し、その行動を追跡するラジオテレメトリー調査が開始された。今日では、GPS が組み込まれた首輪を装着すれば、その位置がリアルタイムでパソコン画面に映し出されるようになり、県境をまたいで数十 km も季節移動する実態が明らかとなってきた。それにより、人がアンテナをかついで追跡していた時代の認識は次々に塗り替えられている。今ではシカの密度管理という直面する課題において、戦略を練るための重要な手掛かりを提供してくれている。

シカに関するたくさんの科学的情報は、高槻成紀による『シカの生態誌』、梶光一・飯島勇人(編)による『日本のシカ』などに網羅されている。さらに 1990 年代になると、各地のシカによる植生への影響の現状報告とともに早期の対策の必要を求める本がいくつも出版されている。加えて、環境省、林野庁、

図3.2　オスジカの季節変化　夏毛は明るい茶色に白い斑点が出る（上：釧路湿原）。冬毛は黒っぽい茶色に生え替わる（下：知床半島）。角は、初夏に袋角状態で生えて、秋に向かって成長し、翌春に根元から落ちで、また生えてくる

自治体のウェブページにはシカの特定計画に関連する資料が膨大に掲載されるようになった。本章はこれらの情報に基づいて書き進めていく。

3.3　シカの特徴

シカの大きさには地域的な違いがある。鹿児島県屋久島に生息するヤクシカのオスが40kg、メスが25kg程度であるのに対し、北海道に生息するエゾジカでは、オスが150kg、メスが100kgを越える。春になるとオスだけに枝分かれする角が生え、夏まで成長し、発情期の秋になるとオスどうしのナワバリ争いの機会に角突き合いの武器となる。角は翌春に落ちて再び生えてくる（図3.2）。ウシの仲間で雌雄とも生涯落ちない一本角を持つカモシカとの違いがここにもある。

秋に発情期を迎えると、強いオスはナワバリ性を発揮して複数のメスを囲い込み、他のオスをよせつけないように苦心しながら、複数のメスと交尾をする。妊娠したメスは初夏の頃に1頭の子供を出産する。栄養条件の良い環境で素早く体重が増えれば、メスは1歳から繁殖に参加する。したがって、食物条件さえよければ集団の増殖力が一気に高まる。

さまざまな植物の葉、茎、芽を食べ、選択する植物の種類は地域によって違いがある。そして、植物の多くが枯れる秋から冬の間が生き残りをかけた厳しい季節となる。日本各地に広く分布する数種類のササが、栄養価は低いものの冬でも枯れないのでシカの生存を支えている。ほかにも落ち葉や地上に落ちたナラ類の堅果（ドングリ）を食べたり、立ち木の樹皮を剥いで形成層を齧ったりして、厳しい季節を乗り切る。また、身体の大きいシカは質より量をたくさん食べる必要があり、身体の小さいカモシカは質の高いものを少しずつ食べていることも確認されている。

雪の多い地域では積雪が地表面を覆うので（図3.3）、シカは雪の少ない場所へと移動して越冬する。夏の生息地と冬の生息地（越冬地）が数十kmにおよぶほど遠く離れていることもあれば、雪の降らない、あるいは少ない地域では目立った季節移動をしない。もしも栄養が欠乏する越冬終盤の3月に大雪が降ると、越冬地でも食物を得られなくなって大量死が発生する。実は、これによる個体数の大幅な減少こそ植生への過度な食圧を抑制し、シカにとっても1頭

図 3.3　大雪の中で食物を探すシカの群れ（北海道知床半島）

あたりの栄養摂取の効率が上がって集団の健康が回復するという、いわば一つの生態系のメカニズムなのだが、温暖化が影響して降雪量が少なくなるとこの機能が働かなくなる。

シカは群れる動物である。普段は、母子の近縁な個体どうしが数頭連れ立って過ごす。子供のメスは数年の間は母親と連れ立って過ごす。子供のオスは成長すると母親から離れる。オスは秋になると発情期を迎えてなわばりを形成し、複数のメスを囲い込んで他のオスを排除しながら交尾を成功させるが、若齢の弱いオスほどなわばりの形成に失敗する。冬になると食物や陽当たりなどの条件の良い場所に複数の母子集団が集まってくる。また、交尾期を終えたオスが集まって過ごすこともある（図 3.4）。

こうして複数の個体が連れ立って生活する習性を持つシカは、ときには群れて高密度になる。さらに１頭あたりの採食量が多いことも森林に強い影響を与える理由である。20 世紀までの雪がたくさん降る時代には、十年に一度くら

図 3.4　晩秋のオスジカの群れ（岩手県大船渡市）

いの頻度で訪れる大雪によって大量死が発生していたので、シカの密度は増減を繰り返すものだった。あるいは、遠く東南アジアから輸入するほどシカ皮の需要が高かった時代には、人の強い捕獲圧がシカの増加を抑え込んでいた。現在は、この二つの要因のいずれも弱まっている。

3.4　分布の変遷

遺跡で発見された骨、鹿の文字のつく地名、『風土記』や『日本書紀』をはじめとする古い文献に見出される記述から、かつては日本列島のどこにでもシカが群れていたことが想像できる。そこから後の時代に、なんらかの理由で分布が縮小していたのだが、20 世紀末から分布の回復が続いている。シカのマネジメントには、それぞれの地域に特徴的な分布変動要因を見つける必要がある。

図 3.5 は環境省によって作成されたこの半世紀ほどのシカの分布の変遷である。上は 1978 年、下は 2020 年の図である。現在、分布が回復途上にある山陰、

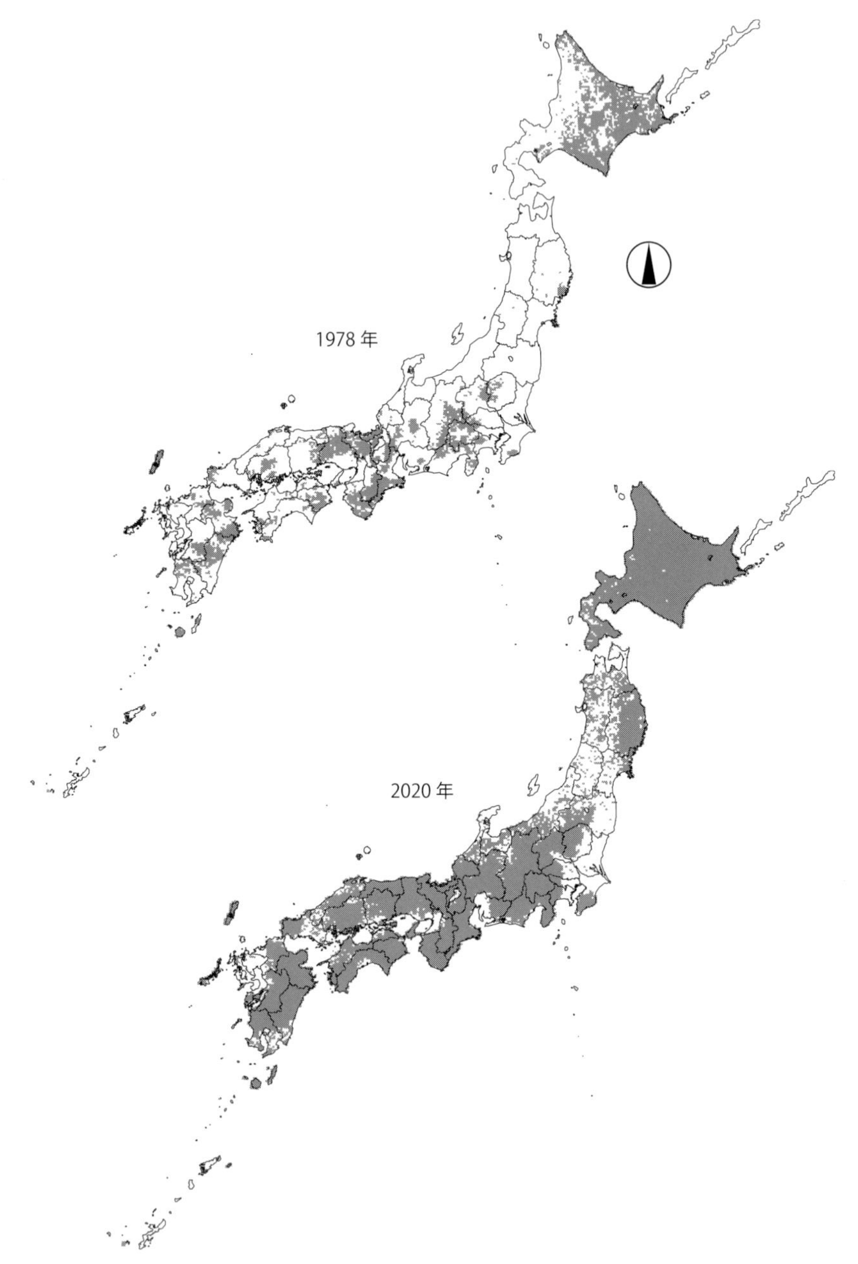

図 3.5　シカの分布の変遷（環境省資料から作成）

北陸、東北にかけての地域では、少なくとも1980年前後まではシカの情報が消えていた。

各地の分布の推移については、自治体が作成するシカの保護管理計画に記載された情報が参考になるのだが、その盛衰は単に地理的条件だけで説明できるものではない。たとえば、冬の気象条件はシカの分布に影響する。雪によって食物が見つけにくくなり気温も下がるので、シカの生存率が下がる。あるいは雪を避けてシカが集まる越冬地では人による捕獲効率が高まる。そうした複合的な影響が地域によってさまざまに現れたと想像される。

日本海に沿って東日本の自治体をたどるなら、北陸の石川県では大正時代まで能登半島で捕獲されていたとの記録がある。隣接する富山県では県西部で明治時代まで捕獲されていたという。新潟県ではすでに江戸時代に著しくシカが減っていたという。東北に入ると、山形県での最後の捕獲記録は1919年（大正8年）となっている。秋田県では江戸時代にどこにでも見られたシカが昭和初期に獲りつくされたという。太平洋側にまわると、青森県の下北半島東部に生息していた集団が1910年（明治43年）に絶滅したとの記録が具体性を持つのだが、明治から昭和初期にかけては東北の広い範囲で乱獲によって分布が消滅して、かろうじて宗教的背景を持つ岩手県の五葉山、宮城県の金華山に生き残った。このように消滅の時代は北に行くほど早いというものでもなく、一様ではない。

雪の少ない広大な関東平野には草地や湿地が多く、シカも群れていたにちがいない。しかし、江戸に幕府が置かれると湿地が埋められて都市化が進み、人口増とともに新たな田畑が拓かれた。さらに400年先の昭和の終焉まで、首都圏としての土地利用と高い捕獲圧によってシカは関東平野から排除され、周辺の山間部にのみ生き残った。関東の周縁にあたる千葉県の房総半島にも、かつては全域にシカが生息していたのだが、明治以来の開発や狩猟圧によって昭和30年代には半島の先にわずかに生き残り、孤立による絶滅の危険性が指摘されて禁猟となった。

中国山地のシカの分布は山陰側ほど不連続となっていた。鳥取県では昭和時代に稀に捕獲されたくらいだったという。島根県では明治時代の乱獲によって少数が弥山（みせん）山地（出雲北山）に生き残った。山口県では戦後の乱獲によって北西の端に50頭ほどの集団が生き残った。

四国や九州にはシカが多いのだが、外海の島嶼部にあたる、対馬、五島列島、屋久島にシカが分布することは興味深い。対馬では、江戸時代に陶山鈍翁（第4章4.5節、p.90）という代官が住民の飢饉を救うために多数の人夫や猟師を投入してシシ垣を築き、シカとイノシシを囲い込んで9年をかけて獲りつくしている。にもかかわらず両種とも現在の対馬で増えている。その理由は、獲り残したものが増殖したか、人が持ち込んだか、本土部から泳ぎ渡ったということになる。シカとイノシシは、どちらも湖や海を泳ぐことはできるが、外海を数十km も泳ぎ渡ることが可能であるかは疑問の残るところである。

3.5　森林の変容とシカの増加

ここまで何度か書いてきたように、20世紀の半ば頃までは、日々、大量の植物が人間によって消費されていた。そして十五年戦争（満州事変から太平洋戦争まで）の頃には軍事需要のために大量の木材が消費された。こうした事情から、近代までの日本列島の風景は草地やはげ山だらけだったことが確認されている。それはシカにとってみると、草本が多く食物の豊富な都合の良い環境だったと考えられるのだが、強い捕獲圧のせいで、誘引されて出没すれば獲られていたに違いない。

敗戦後の復興には木材が必要だったので、国をあげて広大なはげ山に植林が進められた。林班という区画を単位に、生長の早いスギやヒノキ、標高の高いところには寒さに強いカラマツが植えられた。こうして現在につながる単一樹種の、樹齢も同じ一斉林と呼ばれる人工林が、全国に作りあがった。一斉林の生物多様性は自然林に比べるとはるかに低いので、モザイク状に自然林が混ざる構造にしておくほうがよかったはずだが、当時の政策担当者たちは、なんの疑いもなく木材生産の畑として山をとらえていたのだろう。

1960年代になると苗木を齧るノネズミやノウサギの被害が出たので、林野庁は対策として殺鼠剤を撒き、捕食者のイタチやキツネを養殖して放獣する事業まで行った。現在なら外来動物問題となる。やがて1970年代になると、生長した高齢林、伐採跡地、新たな植林地、幼齢林という、林班単位で人工林のモザイク構造が出現したために、シカやカモシカにとっては、採食場と隠れ場

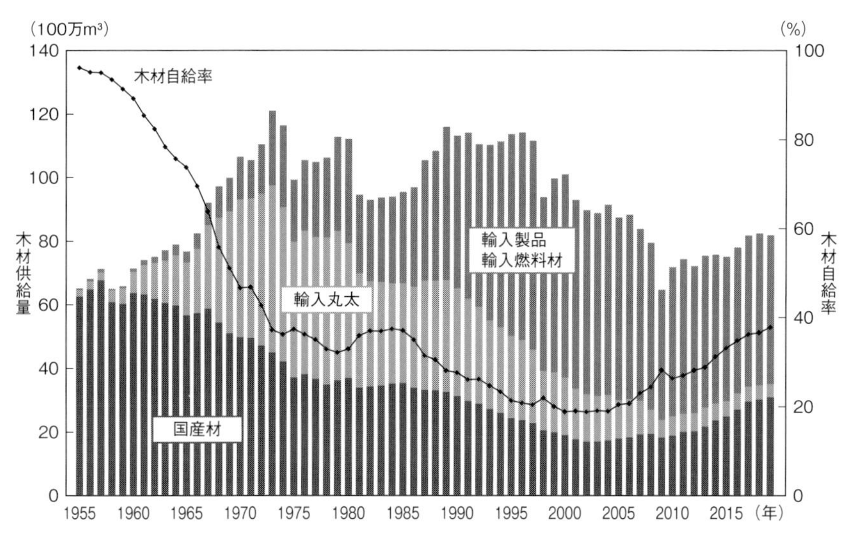

図 3.6　日本の木材供給量と自給率の推移（出典：林野庁「平成 30 年木材需給表」木材供給量及び木材自給率の推移）

所が適度に組み合わさった好都合な環境が出現した。そして林業被害につながった。

一方、1960 年代に始まった高度経済成長時代に、専門用語で中山間地域と呼ばれる山地と平地の境にあたる地域で過疎が進んだ。やがて 1980 年代後半のバブル経済の頃には、後継者が減って実質的な林業の崩壊が始まり、木材自給率も下がった（図 3.6）。その代わりに大規模なダム開発や観光を含む多目的のスーパー林道の開設といった、森林の土木的な活用が盛んになった。

高度経済成長時代の末期、狂乱の地価高騰が生んだバブル経済期には、すでに手入れが放棄され所有者不明の森林も増えていたことから、丘陵から山地にかけて山林が安価に売り買いされて、別荘地、温泉、スキー場、ゴルフ場、観光牧場といったリゾート施設に姿を変えた。こうした土木的な扱いを受けた森林は、野生動物の生息環境としてもおおいに攪乱を受けたと考えられる。そして 1990 年代初頭にバブル景気が崩壊すると、ほぼすべての開発にブレーキがかかった。所有者の倒産もあって、その跡地は管理もされず放置された。

この状況をシカの立場で眺めるなら、山の中にせっせと餌場を作ってくれていた人たちが急に去っていき、その跡地には、安心して栄養を蓄え子供を育てられる空間が残されたということになる。もちろん駆除はされていたが、狩猟の後継者も減少して、林業の衰退で駆除要請も減っていた。現在の爆発的な分布拡大状況から想像するなら、すでにこの時、駆除数以上にシカの繁殖の勢いが勝って、各地で粛々と増加に転じていた可能性が高い。

3.6　シカが森を作り変える

昭和が平成に切り替わり、バブル景気がはじけた1990年あたりから山小屋の関係者の間で、山の上にシカが出没するようになったとか、森の様子が変わってきたという話がささやかれるようになった。それが現在に続く大問題の始まりである。

開発一辺倒の時代を通して反対の声をあげ続けてきた当時の自然保護関係者の間では、シカが増加していると聞いても、すぐに危機感をもって受け止めることはなかった。シカは狭い地域に閉じ込められていたのだから、増加して分布を拡大することは歓迎すべき現象としてとらえていた。それが日本の自然にたいへんな影響をもたらすといったことは、当初は研究者ですら予想していなかった。そのうちにナチュラリストや植物の研究者たちによって各地の高山植物がシカに食べられていることが確認され、危機感をもってとらえられるようになった。

シカ増加の全貌が見えたのは、2003年に環境省によって自然環境保全基礎調査の動物分布調査報告書が発表された時だった。今から思えば、1978年から実に25年間も調査がされていなかったことで、密度の高まりを抑え込むタイミングを逃してしまったと言えるだろう。シカは確実に増加して、各地で高密度になり、外へ外へと分布を拡大していた。今では雪によって分布を制限されていたはずの北陸や東北にまで進出している。もともと全国に生息していたのだから、分布の“拡大”ではなく“回復”である。そして分布拡大の圧力は水平方向だけでなく垂直方向にも働いて、シカは山を登った。はじめは高山帯のお花畑などで目立った問題となったのだが、その後の調査で、植生への影響は山の全体に及んでいることがわかってきた。希少植物群落や湿原植生はもちろんのこと、森林の下層植生の全体が大きく変化を始めていた。

図 3.7　森林の地表面の変化　シカの食圧による下層植物の消失と、土壌の流出。立木の根が浮き出ている（神奈川県丹沢山地）。

では、これまでの時代にシカが高山に足を踏み入れることはなかったのかと考えてしまうのだが、おそらくそんなこともあっただろう。しかし、今よりも雪が降った時代であることや、江戸時代には東南アジアからシカ皮を大量に輸入するほど換金性の高い需要があり、強い捕獲圧が続いていたことを考えるなら、少なくとも近世以後の400年間に山の上で高密度になるような現象が起きたということは考えにくい。人口も少なく、人によって食物の豊富な草地がたくさん作られていたのだから、ほとんどの個体は平地や里山で生きることを選んでいただろう。

下層植物が食べつくされると地表面の草の覆いが消えて地面が露出してしまう。落下する雨滴が地面に直接あたれば衝撃で土壌が流されてしまう（図3.7）。土壌の栄養源を失った植物は生育が不利になり、土壌に潜むさまざまな動物群も棲み処を失う。根が浮き出てしまった高木は何度か暴風に遭遇するうちに倒

図 3.8　森林景観の変化　地上高 1.5m までシカに食べつくされて、庭園のようになった森林（神奈川県丹沢山地）

れてしまう。そして、地表面を食い尽くしたシカは口の届く 1.5m の高さまでの枝葉を食べてしまうので、その高さから下の植物が消えた森の風景は庭園のようになってしまう（図 3.8）。あるいはシカによって幹の全周を齧られた木は立ち枯れてしまう。そんな時間が続くうちに森の姿はどんどん変化して、十年もすぎればたいていは食圧に強いタイプのササ草原へと化していく（図 3.9）。

重要なことは、森林に依存してきた動物群まで消えてしまうことにもある。食物連鎖の関係が壊れてしまうということだ。土壌動物が消えれば、カエルやサンショウウオのような両生類、ヘビなどの爬虫類、昆虫類、鳥類、哺乳類の姿も消える。結果的に単調な生態系へと移行して、その場所の生物多様性は劣化する。生物多様性保全の必要が国際的に認知された今日では、このことは農林業被害と同様の重大な社会問題となっている。

図 3.9　シカによる森林への影響（奈良県大台ヶ原）

3.7　法制度の強化

生物多様性に影響を及ぼしているとの認識が共有されて、山のシカを減らさなければならないとのコンセンサスが得られたとき、ようやく捕獲の強化が始まった。もし農林業被害だけであったなら、法制度論的には被害者の要請に応じて駆除で対処すればよいことである。しかし、森林への影響という問題は、被害という概念の適用にさえ疑問符が付く。被害とはあくまで人間にとっての明確な害に対して成立する概念である。

シカが植物を食べることは自然なことであり、生態系の営みの一面にすぎない。そこに被害の概念を見出すとすれば、たとえば、自然公園法の特別保護地区の景観が壊されるといった理由は成り立つ。あるいは、生物多様性条約に基づく生物多様性への害としてもよいかもしれない。しかし、シカは外来動物ではなく日本の生物多様性の一員であるから、そうした理由でさえこじつけのように聞こえてくる。なにより制度論上は被害者が申請をしなければ駆除捕獲は始められない。

そんな問題に対処するために、1999年（平成11年）の鳥獣法改正時に「特定鳥獣保護管理計画制度（以下、特定計画制度）」が創設された。ここには、有害動物の駆除の概念とは別に、科学的根拠に基づいて増えすぎた動物の個体数を調整することを可能にする制度が取り込まれている。この制度は、特別天然記念物カモシカの被害問題をめぐる数十年にわたる熱い議論と試行錯誤によってようやくたどりついた到達点である。その施行が始まったのが2000年（平成12年）、まさに21世紀の幕開けを前に、日本の鳥獣行政には本格的に科学性が伴うようになった。

この特定計画制度には、欧米で積み上げられてきたワイルドライフ・マネジメントの叡智がこめられている。科学に基づく計画を作成して（P: plan）、対策を実行し（D: do）、科学的な調査（モニタリング）を継続して対策の効果を評価し（C: check）、必要に応じて計画を修正しながら順応的に対策を推進していく（A: action）という、現代社会では当たり前になったPDCAの考え方が基本に据えられている。そして、カモシカ問題の三庁合意とともに議論された、個体数調整（捕獲の管理）、生息環境の管理、被害防除の三本柱の考え方や、関係省庁間や国と自治体の連携、あるいは利害関係者と協議する合意形成のプロセスを経て対策を推進することが明記されている。

この連携の必要性が書き込まれたことにこそ重要な意味がある。なぜなら、鳥獣法の直接の実行機能はあくまで捕獲に関することに限定されるので、生息環境の管理となると、他省庁の法制度との調整によってしか実行できない。しかし、縦割りと揶揄される行政組織の壁を乗り越えることは至難の業で、いまだに野生動物問題を解決するうえでの最大の関門となっている。

また、特定計画制度に欠かせないのは科学的評価を担保するモニタリング調査の実効機能にある。シカの場合はカモシカと類似した調査法が適用できたことが幸いして、すみやかな導入に拍車がかかった。その方法には、残存性が高く人が発見しやすい糞を使い、一定距離を歩いて地上の糞の塊の発見頻度を指標とする糞塊法、地面に直線を引いて一定間隔に置いた枠の中の糞の粒数を数える糞粒法、目視の可能性が高まる落葉期に一定の区画内を複数の調査員が歩いて発見個体を記録する区画法、山の対岸から一定時間観察して個体を数える定点観察法などが開発されて、統計精度を高めるための試行錯誤とともに今日に至っている。また、コンピュータを駆使したモデル統計学の進化によって、調査で得られた密度指標を個体数に転換して推定個体数の変化を対策の評価につなげるという考え方につながった。

このような経緯の下、環境省はマニュアルやガイドラインを整備しながら都道府県にシカ保護管理計画の作成を促し、計画的に個体数調整を実行する仕組みを標準化することに成功したのだが、人口減少による自治体の財政難や人手不足のために、しだいに科学的検証に耐えるほどの十分なモニタリング調査を実施できる自治体は限られてきた。さらに、農林業や狩猟の従事者の高齢化と減少のために野生動物の問題に対処できなくなったこともあり、個体数の抑制は思うようには進まなかった。そのため、2014 年（平成 26 年）の鳥獣法改正によって「指定管理鳥獣捕獲等事業制度」や「認定鳥獣捕獲等事業者制度」など、さらなる捕獲強化策が重ねられて現在に至っている。

3.8　丹沢のシカ問題

神奈川県の丹沢山地（図 3.10）は早くからシカ問題が始まった地域の一つである。この地は古くから信仰の山であり、修験の山でもあった。そして、鎌倉幕府、戦国時代の北条氏による関東支配、江戸、東京といった具合に、中世以来ずっと首都機能の背後に位置してきたので、その森林は常に利用の対象となってきた。それゆえ江戸時代になると、幕府直轄領（天領）、小田原藩領、そして大山阿夫利（おおやまあふり）神社の社有林が設定されて、伐採が厳しく管理されてきた。

ところが、五代将軍綱吉の時代の末期、1707 年（宝永 4 年）10 月に宝永地震が起きた。これは最近よく話題になる南海トラフ地震規模のもので、続く 12 月には富士山も噴火して（宝永噴火）、丹沢山地に大量の火災物が降り注いだ。おまけに翌年の大型台風の襲来で火災物の混じる土砂が流れ下り、山麓は甚大な被害に襲われた。ここから小田原藩と幕府による長い災害復旧事業が始まった。

明治以後は天皇家の御料林となるが、今から百年前の 1923 年（大正 12 年）に起きた関東大震災のときには、丹沢山地の 89,000 ヵ所、8,000ha に及ぶ崩落や表層剥離が起き、直後の大雨が重なって大規模な土砂災害が発生した。震災

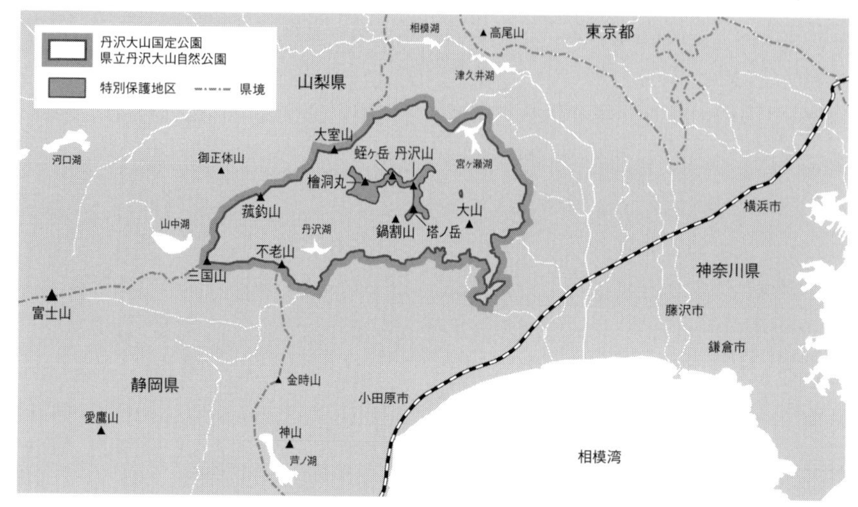

図 3.10　富士山や箱根に隣接する神奈川県丹沢山地

後すぐに昭和が始まり、山の多くは国有林や神奈川県有林に転換されたものの、十五年戦争時の軍事需要でさらに過度な伐採が続いたせいで災害対策は遅れた。あまり知られていないが、こうした歴史的背景によって、山地荒廃の復旧、治山治水は今でも神奈川県の重要課題となっている。そのことは、現代のシカ対策の重要性に関する県行政の理解につながっている。

神奈川県のシカは、元は関東平野に広く生息していたものが、江戸を中心とする関東圏での人の増加、農地開発、乱獲の影響を受けて、丹沢山地にかろうじて生き残ったものである。とはいえ、重要な資源であったから、1921 年（大正 10 年）には県による保護政策が始まり、大山禁猟区が設定された。また増殖を意図して県営丹沢鳥獣飼養所が開設され、宮城県金華山から 6 頭、広島県宮島から 2 頭、奈良春日大社から 6 頭のシカが持ち込まれて飼育され、戦時下の 1942 年（昭和 17 年）に丹沢山中に放逐されている。それでも戦争前後の食料難からの密猟や、アメリカ駐留軍がレクリエーションとして乱獲したことの影響を受けて、個体数は増えなかった。

戦後が落ち着き始めた 1955 年（昭和 30 年）になると、神奈川県全域でシカの捕獲が禁止されたことがシカの増加に寄与した。一方で、全国の植林運動と合わせて丹沢山地にもスギやヒノキの苗木が植えられたために、1960 年代の半ば頃にはシカが苗木を食べる林業被害が発生するようになった。県は、造林地に防鹿柵を設置して防衛しつつも、捕獲強化策を進めてシカを駆除し、そのほかに丹沢山中に4ヵ所の猟区を設置して、1970年（昭和45年）にシカ猟を解禁した。それでも安易に行われる密猟が絶えなかった。この頃は特別天然記念物カモシカの林業被害をめぐって自然保護世論がおおいに盛り上がっていたこともあり、丹沢のシカ論争も熱を帯びて、林業をはじめ第一次産業に携わる人々と自然保護に関わる人々が感情的に対立した。

さらに時代が進んで、高度経済成長期の終わり頃には全国的に林業が低迷し、林業被害を訴える声は小さくなった。自然保護の主要テーマは、ダム、スーパー林道、ゴルフ場といった大規模で乱暴な開発への反対運動に変化していたのだが、その終盤あたりから各地の自然公園で静かに異変が起き始めていた。

丹沢山地の場合、バブル経済期の1980年代後半からブナ林内の草本が減り始め、この山の特徴である人の背丈ほども密生していたスズタケが消えるという顕著な変化が現れた。その変化は実に急激でインパクトがあったので、神奈川県として、自然環境に何が起きているのかを知るための科学的な調査が開始されることになった。

3.9　神奈川県の先進性

丹沢山地は国定公園に指定されており、指定の際に「丹沢大山学術調査（1962～1963年）」が実施されていたことから、その情報と比較するために「丹沢大山自然環境総合調査（1993～1996年）」が実施された。そして動植物の現存状況を比較した結果、シカの食圧が生態系に深刻な影響を及ぼしていることが確認された。県はすぐに「丹沢大山保全計画」を策定して、生態系へのシカの影響を緩和するための捕獲強化策を始めたが、シカは保護すべきとの認識を強く持つ県民に理解してもらうには説得材料に乏しかった。

そのため、県民、NPO、学識者、企業といった多様な主体の参加する「丹沢大山総合調査実行委員会」を組織して、3回目にあたる「丹沢大山総合調査（2004～2005年）」を実施、翌2006年（平成18年）には実行委員会から県民及び神奈川県向けに、科学的な説明材料を伴った「丹沢大山自然再生基本構想」が提出された。県はこれを受けて旧・保全計画を改定し、より緻密な2007年版の「丹沢大山自然再生計画」を作成した。

こうしたプロセスの特徴は、行政、県民、自然保護団体、業界、プロ・アマをこえた研究者たちによる共同作業と合意によって進められたことにある。現時点では、丹沢のシカの捕獲を強化しなくてはならないとの理由を県民に向けてていねいに説明し、合意を得て、その先のシカ対策につなげている。このプロセスが県の姿勢として標準化された。

神奈川県のシカ対策は、柵による植生保護と、捕獲によるシカの密度抑制の両輪で進められている。山の中を動きまわるシカの密度をコントロールすることはむずかしく、捕獲だけで抑制するには時間がかかる。そのため緊急避難的に、尾根上のブナ林に、毎年、粛々と植生保護柵が設置され、2021年現在の設置距離の総延長は90kmを越えて、柵内にシカが侵入しないよう維持管理が続けられている（図3.11）。捕獲については鳥獣法に基づくニホンジカ保護管理計画を作成して、モニタリング調査を継続しながら進められ、とくに高山に出現するシカの密度を抑制するために、ワイルドライフ・レンジャーという捕獲の特殊部隊を設置する制度を設けて体制強化を図っている。

それでも、急峻な地形でシカを捕獲することはたいへんな苦労を伴い、並行してシカの捕獲強化が進む隣県の静岡や山梨からもシカは入ってくる。あるいは、手入れ不足の林地に対して国が手入れや伐採強化策をかかげたことから、重要な政策とはいえ、それによって伐採跡地がシカの餌場になる懸念が生まれるなど、複合的にさまざまな問題が噴出している。だからこそ、それぞれの課題に応じて、分野横断的に、あるいは国、隣県、市町村との連携と調整が重要な行政課題となっている。

神奈川県がこうした調査や対策事業を遂行できる理由の一つに、まずは実行体制を作ったことがあるだろう。2000年（平成12年）の組織改編で設置された神奈川県自然環境保全センターが事業を推進していく核となり、研究、連携をきめ細かく牽引している。それによってシカ問題を鳥獣行政にとどめることなく、丹沢山地の生態系の全体を視野に入れて、シカによる植生への影響、地表面からの土壌流出、水源機能の変化、山麓市町村への災害防止、農林業被害対策まで、多面的に調査が実施され、課題を整理しながら科学的な検討の上に対策が実行されている。

図 3.11　神奈川県丹沢山地に設置された植生保護柵

たとえば尾根上のブナが枯れる現象には、シカの影響、温暖化の影響、オゾンの影響、ブナハバチ（*Fagineura crenativora*）の影響など、予想される課題に対して綿密に調査が実施され、慎重に対策が進められている。ただシカの頭数を減らす管理事業ではなく、生態系というとらえがたい相手に対して、謙虚に堅実に可視化する作業が進められている。そこに他にない先進性が認められる。

さらに、こうした事業を支えているのは2007年（平成19年）に開始された神奈川県独自の「水源環境保全税」にある。水源の森の管理という目的に特化した税を県民から徴収して（一人年平均890円、年間約40億円）、丹沢の保全事業を稼働させている。税の使途について県民の合意を得る必要から、県民参加の仕組みとして「水源環境保全・再生かながわ県民会議」という独立機関を設置して、税の使途についての事業の事前確認、事後評価、計画の見直しといったPDCAのプロセスを稼働させている。ここにも先進性が認められる。

3.10　尾瀬に登るシカ

群馬、栃木、福島、新潟の県境に位置して、尾瀬ヶ原から尾瀬沼にかけての高層湿原が見せる美しい原生的自然は、尾瀬国立公園の特別保護地区、国指定の特別天然記念物、ラムサール条約登録湿地に指定されている。この地は1903年（明治36年）に浮上して昭和まで続いた国の電源開発構想に対して、長蔵小屋を開設した平野長蔵（ひらの ちょうぞう）が孤高に反対の声をあげ、多くの有識者が賛同して集まった自然保護運動の始まりの地である。その活動は現在の日本自然保護協会の誕生につながった。

5m以上の雪が積もるこの地にシカが出没しはじめたのは1990年代半ばのことだった。湿原植生に食痕が確認され、尾瀬の生態系への影響が懸念されたことから、2000年（平成12年）に「尾瀬地区におけるシカ管理方針検討会」が設置されて、「尾瀬地区におけるシカ管理方針（1期管理方針）」が作成された。しかし、全国的にシカ問題が大きくなったことや、2007年（平成19年）に尾瀬国立公園が誕生した機会に、「尾瀬国立公園シカ対策協議会」が設置され、環境省、林野庁（国有林）、関係自治体、自然保護団体、学識経験者らが協議して、2009年（平成21年）に「尾瀬国立公園シカ管理方針（2期管理方針）」

が作られた。

この方針の目標の項には、「尾瀬本来の生態系に回復不可能な影響を及ぼす可能性があり、生態系の維持とシカの生息は相容れないものと考えられることから、尾瀬からシカを排除することを最終的な目標とする。」と書かれている。以後十年以上にわたり、環境省によりシカの生息状況調査や植生への影響調査が実施されている。また、尾瀬における効果的な捕獲技術開発に向けて実証試験が続けられ、しだいにこの地に出没するシカの生態がわかってきた。

尾瀬では雪が降る時期になるとシカの姿が見られなくなり、まだ雪の残る5月頃に再び現れて尾瀬ヶ原や周辺の植物を食べる。彼らは冬の間どこに行っているのかということを調べるために、50頭以上の尾瀬のシカにGPS機能を持つ首輪が取り付けられて、追跡調査が実施された。その結果は驚くべきもので、彼らは晩秋に尾瀬を出発して、ルートはそれぞれ異なるが、数十kmを移動して、栃木県の戦場ヶ原や男体山（なんたいさん）麓の表日光方面に移動する個体もいれば、群馬県の利根町方面を経由して栃木県の足尾で越冬する個体も確認されている。そして翌春になると、秋に下ってきた時とほぼ同じルートを通って尾瀬に戻る生活をしていた（図3.12）。

こうした科学的情報が蓄積されることで初めて尾瀬のシカのマネジメントの要点が見えてくる。理論的には、複数の越冬地に分散して降りているうちにできるだけシカを減らすことが肝心であるように見えるのだが、春になると尾瀬に集まってくるシカの密度を下げるとなると、よほどの数のシカを獲らなくてはならない。また彼らは増殖を続けているので、毎年、増殖分以上に獲らなくてはならない。果たしてどこまで可能だろう。尾瀬の周りに万里の長城を築いて排除するわけにもいかない。

シカの密度は短期間では下がらないのなら、夏に集まるシカを攪乱効果も期待しつつ捕獲によって密度を抑えることや、湿原や高山の繊細な植生が姿を消すことのないよう緊急避難的に植生保護柵を設置しておくしかない。そんな取り組みが粛々と継続されている。やがて捕獲の努力が功を奏して、尾瀬に集まるシカの密度が低く安定する時が来たなら、順次、柵を解除することができるかもしれない。それすらできなければ、もはや白旗をあげて、シカを含めた生態系の遷移にまかせて放置するしかなくなる。それは尾瀬の自然を知っている

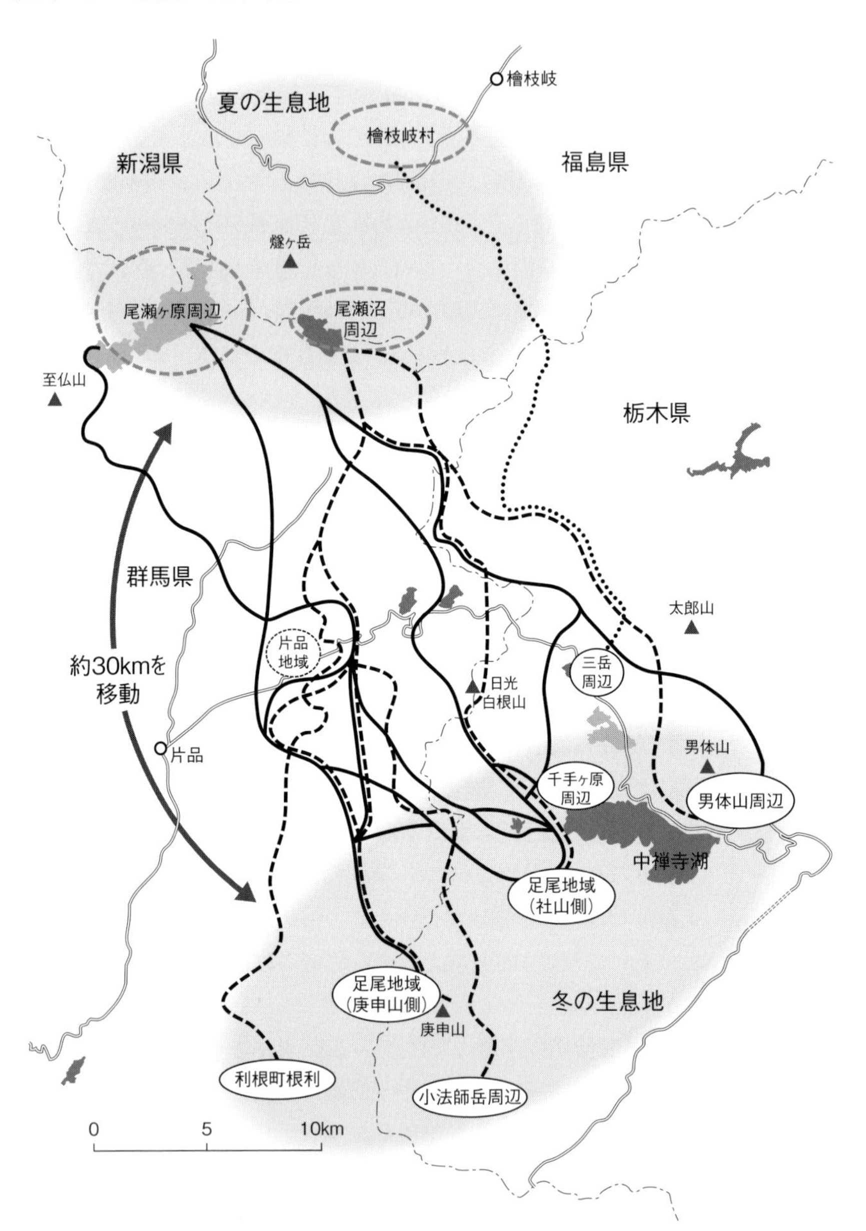

図 3.12　尾瀬のシカ GPS 移動経路（出典：野生動物保護管理事務所「平成 29 年尾瀬国立公園及び周辺域におけるニホンジカ移動状況把握調査及び捕獲手法検討業務報告書」p.75 の図 2-5-1-1 に、平成 30 年度の報告書 p.83 の図 2-5-1-3 のデータを加えて作図）

者にとっては実に残念なことである。

高山帯へのシカの進出は、全国の国立公園、国定公園ですでに普通のことになりつつある。2009年（平成21年）、自然公園法に「生態系維持回復事業計画制度」が設置されて、国が積極的に自然公園内のシカ対策に乗り出すことが法的に可能となった。ただし、それぞれの自然公園地域の生物多様性の危機、景観資源の危機、生態系の危機に対して、どのような取り組みが正しい選択であるかということには、いまだに明確な回答は見つかっていない。それぞれの場所で、生態系の視点で科学的情報を積み上げ、慎重かつ大胆に試行錯誤を継続するしかないのだろう。

その際、たとえば財政事情からこの問題を放棄するということになれば、日本列島の生物多様性の、あるいは日本の自然公園の核心部分を棄てることになる。後世に禍根を残さないよう社会として意地を見せるべき段階にある。

3.11 分布拡大の最前線

東日本の中央脊梁部を奥羽山脈と呼ぶ。福島・栃木県境の帝釈（たいしゃく）山地から北は青森県の夏泊（なつどまり）半島まで、この広く長く連なる山岳地域のひだを縫って、シカが北上して分布拡大の途上にある。現在の雪の降り方がシカにどれほど影響しているものかはわからないが、明治以前なら東北にも普通にシカがいた。尾瀬のシカの季節移動の事実から想像するなら、雪の少ない平地で越冬して、夏になると一部の個体が山の中に戻るといった季節移動型の生活をしていると考えられる。

尾瀬の東端がかかる福島県の最新の第二期シカ管理計画を読めば、明治期に絶滅していたはずのシカが徐々に隣県から進入して、南会津から北へ東へと分布を拡大しながら、磐梯朝日国立公園の猪苗代、裏磐梯、安達太良山系へと広がっていることがわかる。毎年の捕獲地点情報から近年の分布の推移を見れば、尾瀬からの進入というよりも、日光から那須にかけての県境の帝釈山地を栃木県側から入り込んでいるとか、栃木・茨城県境の八溝（やみぞ）山地から北に向けて阿武隈山系へと分布が拡大しているものと推測される。また、宮城県の金華山に生き残ってきた集団を基点に、増加したシカが南下して、福島県の北側から入り込んでいることも確認できる（図3.13）。

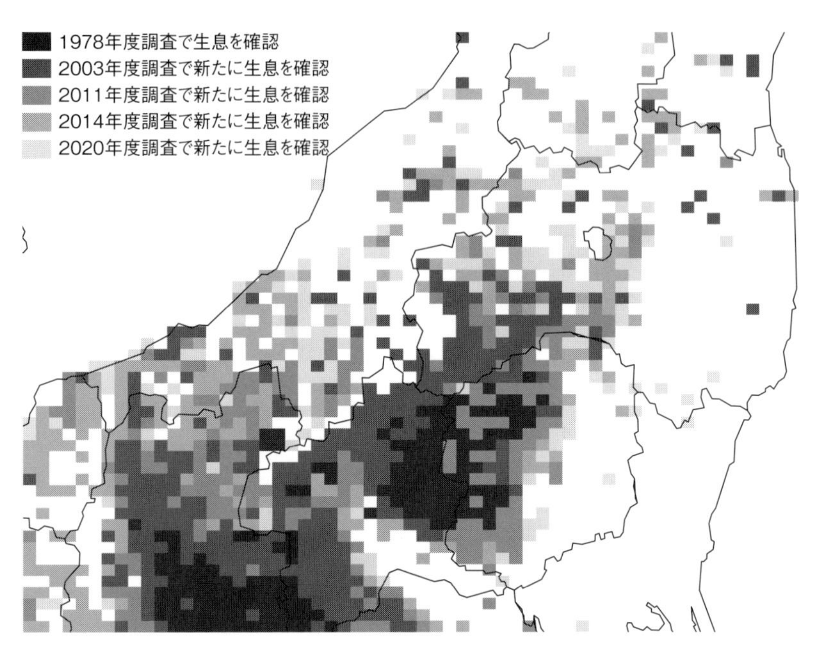

図 3.13　北関東から南東北にかけてのニホンジカ分布図（環境省資料より作成）

雪が少ない地域ほどシカには有利であり、おまけに人口減少が進んで人の気配が消えていく地域ほど野生動物の進出が進むものだ。原発事故の影響で人が消えた帰還困難区域ばかりでなく、シカの好む丘陵的な地形である阿武隈山系の全体に、あるいは東北新幹線や東北自動車道が北から福島、郡山、白河といった主要都市をつなぐ、地元で「中通り（なかどお）り」と称される低地にシカが進出して、近いうちに定着していくことは間違いない。

国は2013年（平成25年）に「抜本的な鳥獣捕獲強化対策」という十年で個体数を半減させる政策を打ち出して、シカを減らす闘いを続けている。実は、福島県でも、栃木県でも、2011年の原発事故以来、野生動物の肉からは放射性物質が検出されるので食用にならない。捕獲したらすべて埋めるしかない。それほどの労力を必要とする捕獲を、高齢化の進む狩猟者たちがいつまで続けられるだろう。

シカと散漫に闘っても問題を解決に導くことは不可能である。現場の事情にあわせて緻密な戦略を描いてかかる必要がある。相手がどのように行動するのかを見極めて捕獲の時期と場所を選択すること。護るべき優先度の高い植生には先行して植生保護柵を設置しておくこと、食圧のかかる時期にこそ、シカの攪乱効果も兼ねて密度を抑制するための捕獲を実施することくらいしか思いつかない。そのことを軽視せずに着実に進めていくことだ。シカ問題は一朝一夕で片づくものではなく、未来永劫続いていくものだということを前提にマネジメントを継続していく必要がある。

第４章

人に近づくイノシシと感染症

4.1　もっとも身近な大型野生動物

2015年にリチャード・C・フランシスが書いた『家畜化という進化』（西尾早苗訳）という本の冒頭には、「もしも家畜や作物がなかったら文明など存在せず……、動物の家畜化と植物の作物化によってそれ以前にはありえなかった余剰食料が手に入るようになったことが新石器革命を引き起こした。」と書かれている。

人間がはじめて家畜化に成功したのは、人に近づいてきたオオカミから誕生したイヌだった。30,000年前にイヌ的オオカミが登場して、ヒトの定住傾向が強まる15,000年前には明らかに家畜としてのイヌが登場していたと考えられている。また、10,000年前の人間が農耕を開始した頃に、穀物蔵に居ついたネズミを狙ってヒトに近づいてきたリビアヤマネコからネコが誕生している。

そして、イノシシ（*Sus scrofa*）からブタが誕生したのは、11,000年前あたりと考えられている。家畜化に成功した動物が持つ特徴は、自発的、能動的な従順性にあり、一部の個体に現れた人に馴れやすい性質が基になったと考えられている。実は、動物の側のこうした性質こそが、昼間の市街地でさえ図々しく徘徊する現代のイノシシのように、人々の頭を悩ませ続ける被害問題の根源的要素になっていることは知っておくべきだろう。

そもそもイノシシという動物は東南アジアで発生したと考えられており、その後にユーラシア大陸の全体に分布を拡大しながら、地域固有の環境の中で25亜種に分類されるほど数多く分かれていくのだが、10,000年前に始まった家畜化によって誕生したブタが野生化したり、野生のイノシシの中にブタが混じったりしながら、互いの交配の機会がルーズに続いてきたと考えられている。

こうした長い時間的背景を踏まえると、ブタとイノシシの交配種であるイノブタ（猪豚）を野外に放すという日本の各地で行われてきた慣習を、イノシシとの交雑を懸念して外来動物問題として扱うことですら、その是非が揺らいでしまう。また、現在、日本各地で猛威をふるっている通称トンコレラとして知られる感染症の豚熱（ぶたねつ）が、イノシシと飼育ブタの相互に感染しやすいことの理由もわかる。

ところで、フランシスは、「ブタは家畜化した動物の中で最も知能が高いかもしれないのだが、どちらかといえば、不浄、貪欲、大食漢のイメージと結びつけられることが多い。」と書いている。そして、世界的に見れば、そうしたとらえかたには地域差があるという。人間が狩りを始めたとき、すぐにイノシシの高い価値に気づいただろう。脂ののった肉をうまいと感じ、たくさんの子供を連れ歩く姿に強い生命力を感じたに違いない。そして、アジアのいくつかの地域で、あるいはかつてのヨーロッパでさえ、ブタは豊穣なる存在として敬われ、聖なる存在としての地位を保っていた。それが、ヨーロッパにキリスト教文化が進出した時に、異教崇拝の対象として貶（おとし）められることになった。このことは第6章で紹介するクマと同様である。

人類が国際条約まで創って生物多様性保全を追求する時代に、こうした歴史的背景を遡って洗い出しておくことは、人々の誤解を解くうえで意味がある。

4.2　日本のイノシシ

日本列島に生息するイノシシもユーラシア大陸に広く分布するイノシシの亜種として位置づけられ、本州、四国、九州に生息するニホンイノシシと、南西諸島に生息するリュウキュウイノシシの2亜種が生き残っている（図4.1）。そして、縄文時代にイノシシの飼育が始まり、弥生時代には姿を変えたブタが飼育されていたとの見解がある。これについては発掘された骨がブタかイノシシか識別がむずかしく、議論が分かれている。中国では、紀元前2000年にはブタが飼育されていたということだが、日本でイノシシが家畜化されたきっかけが大陸起源とはかぎらない。少なくとも3世紀の古墳時代の政権中枢には猪飼部（いかいべ）という役職が置かれていたことから、イノシシ（ブタ）が飼育されていたことは確かなことだ。その後、仏教伝来によって肉食忌避の風習が発生すると飼

図 4.1　ニホンイノシシ（兵庫県六甲山）

育の習慣は消えたとの見解もあるが、記録に表れない庶民の暮らしにおいてどうであったかはわからない。

イノシシの利用は平安時代の『延喜式』に記録があり、肉は食用に、肝は薬用に、脂肪はそのどちらにも使われている。胆のうはクマの熊胆（熊の胆）と同等の貴重な薬とされ、脂肪は太刀を磨く油としても照明用の油としても使われた。

一方、弥生時代に農業が重要な食料生産手段になると、イノシシは身近な動物であるがゆえに深刻な害獣となった。その大胆で繊細な習性、タフで俊敏な身体能力、おまけに強い繁殖力によって、イノシシは2,000年もの長きにわたって日本の害獣の代表格として君臨してきた。だからこそ人間はずっとイノシシと闘い続けてきた。農作物の生産性をあげるために、年貢を徴収する側の為政者もイノシシを獲ることには熱心だった。大規模な壁（シシ垣）を作って集落への侵入を防ぎ、捕獲したイノシシを利用した。そこに積みあげられてきた防除技術の基本は今日でも変わらない。過去の人々の闘いぶりにこそヒントがある。

興味深いことに、現代社会はイノシシを自然保護の対象として扱ったことはほとんどない。それは、キリスト教文化圏で生まれた自然保護思想が、はじめは異教の動物として敬意をはらわなかったせいなのか。あるいは、多産系の動物で、人が手を入れた環境にも適応していくので、野生のイノシシが危機的状況に陥るというイメージがわかないせいかもしれない。しかし、かつて東北や北陸の各地に広がっていたイノシシが消えたという歴史的事実があるかぎり、軽率な判断は禁物である。

おまけに野生動物として扱う感覚が希薄なせいか、人に馴れる習性にだまされて、一部の地域で餌付けというゆがんだ愛情表現の対象として貶められている事実は、生物多様性保全を重視する現代にあっては必ず修正しなくてはならない。それが感染症を通して人を死に至らしめる深刻な問題につながることを、一般市民の間にも周知しておかないといけない。

現代人がイノシシに餌を与えてしまう動機は、はじめてイノシシを飼育下においた石器時代の人々と変わらないのかもしれない。ひょっとするとイノシシの生存戦略にまんまとはまっているのかもしれない。しかし、現代社会としては、生態系の要素としての野生動物に対して、どの種も同じ目線で、自然に対する一貫性を持った向き合い方をするべきだろう。

イノシシが古代から身近な存在で、人々が農業被害対策に苦慮してきた歴史が長いこともあって、高橋春成（編、2001）や新津健（2011）に代表される民俗学あるいは歴史学的なアプローチと、江口祐輔（2003）や小寺祐二（編著、2011）に代表される、被害防除の緊急性にともなって生み出されてきた防除の技術指南書が参考になる。数少ない研究者が被害対策の行政支援に忙殺されている現状のせいで、純粋に生物学的なモノグラフの登場には、もう少し時間が必要である。

4.3　イノシシの特徴

日本のイノシシの体重は70kg 程度、体長は140cm 程度であるが、それより大きい個体もいる。大陸のイノシシは数百 kg の大きさになる。下顎の犬歯が伸びて鋭利な牙となり、オスはより大きく伸びて武器としての機能が高まる。イノシシの交尾期は基本的に晩秋から冬で、メスの発情が数日しかないので、

図 4.2　イノシシの子供ウリ坊（福井県）

オスは他のオスと競争で発情メスを見つけて交尾をする。メスは2歳以下で繁殖に参加し、春から初夏に2～8頭の子供を産む。幼獣には縞模様があるので「ウリ坊」と呼ばれるが、この段階の死亡率は高い（図 4.2)。子供を失ったメスはすぐに発情して子供を産む。そのため繁殖可能な期間は長い。落ち葉、枝、ササなどを使って巣を作り、その中にもぐって休息したり出産したりする。オスは単独性が強いが、メスは子供をつれて行動し、定住性が強い。メスが集団を形成することもある。

植物を中心にした雑食性で、頭部の力が強く、吻（ふん）と牙を使って地面を掘り起こし（図 4.3)、重たい石さえも動かして、植物の根、芋などの地下茎、堅果（けんか）（ドングリ類)、タケノコ、キノコなどを主に食べる。遭遇すれば、昆虫、ミミズ、サワガニ、ヘビ、鳥類や哺乳類の死体も食べる。農作物のイモ類、穀物類、トウモロコシ、カキなどの果実を好み、生ごみや残飯などの人間生活由来の食物にも執着する。こうした習性が飼育に適した理由でもあるが、被害にもつながっている。

北米、南米、オーストラリアなどでは、ブタが意図的に放されて野生化しており、現在では外来動物問題となっている。日本でもブタとイノシシを交配させたイノブタを、繁殖力が高いとか、肉の味がよくなるといった安易な発想で無造作に野外に放してきた歴史が各地に存在する。現在、本来イノシシが生息

図 4.3　地面を掘り起こすイノシシ（愛媛県宇和島市）

していなかった北海道でも飼育していたイノブタが逃げて野生化していたり、小笠原諸島の弟島や奄美諸島に本土のイノシシ（ブタ）が放たれて外来動物問題となり、駆除の対象となっている。

4.4　分布の変遷

縄文遺跡で骨が出土することから、イノシシが古くから本州、四国、九州の随所に生息していたことは明らかである。実は、北海道の縄文遺跡からも骨が出土しており、かつての一時期に北海道にも生息していた可能性は否定できない。狩猟の重要な獲物であり、罠(わな)や巻き狩りによって強い捕獲圧がかかっていた。農作物の害獣としても駆除されていた。明治以後の富国強兵と殖産興業政策によって人口が増加すると、人の居住空間や新田の開発が進み、しだいにイノシシが平地から追い出されていった。このことは他の大型動物と同様である。

環境庁（現「環境省」）が行った 1978 年の調査では、北陸から東北にかけて

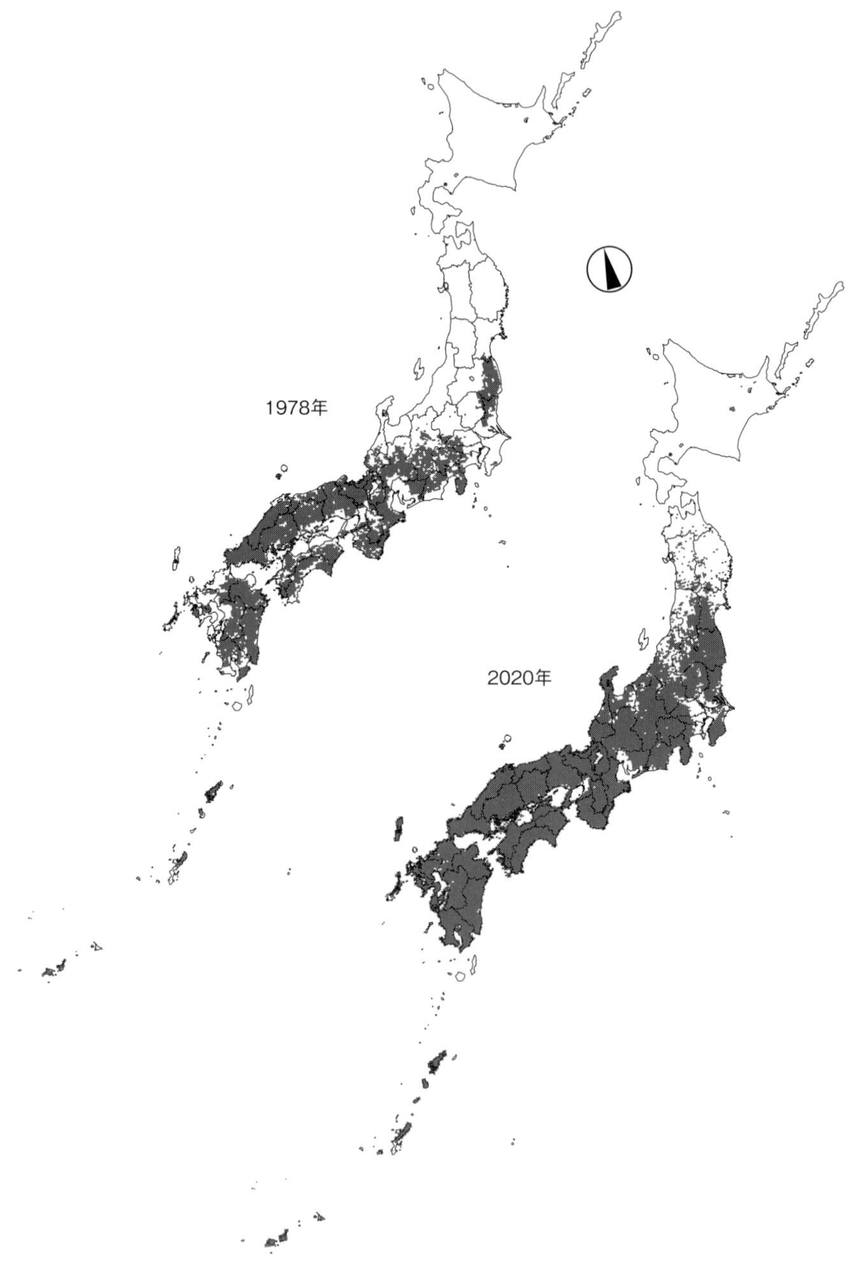

図4.4　イノシシの分布域（環境省資料から作成）

の雪の多い地域に分布の空白地帯がある（図4.4）。自治体ごとのイノシシ管理計画を読むと、北陸から東北にかけての日本海側では明治から大正にかけて絶滅したとされる。積雪が生存の負担になっていた可能性はある。雪が多ければシカと同じように雪の少ない場所に移動したと考えられ、その際に捕獲の確率が高まった可能性がある。石川県加賀市には、1981年（昭和56年）の豪雪時に餓死したイノシシが発見されたとの記録が残っており、豪雪のときに越冬場所を失って死亡率が高まった可能性がある。こうした記録は、古代に北海道に移り住んだイノシシが豪雪と捕獲圧によって絶滅したというストーリーを想像させる。

一方、積雪量のさほど多くない北上山地や阿武隈山地でも明治の末期にイノシシの分布が消えている。これは明治時代に西洋から俗にトンコレラと称される豚熱（CSF）がブタと一緒に持ち込まれて感染したことが原因であると考えられている。確かに養豚業界での豚熱の発生は1887年（明治20年）からのことで、その発生状況は現在にいたるまで畜産防疫分野で詳細に記録されている。そして豚熱はイノシシにも感染するが、イノシシの地域的消滅の原因となったかどうかは推測の域をでない。

現在、イノシシの分布は、本州、四国、九州の全域をカバーする勢いで拡大しており、人の生活空間にも進出している。雪の多い北陸や東北では、雪によって死ぬ個体よりも、雪の少ない場所を選びながら生き抜いていくタフな個体が多くなっているのかもしれない。このことは過疎によって中山間地域から人が減ったこととも関係しているだろう。

現在のイノシシの捕獲数は年60万頭を越えているにもかかわらず、イノシシの増殖を抑えて分布拡大を阻止するようなことはできていない。この先の狩猟者の高齢化と減少、さらには温暖化による降雪量の減少を考えれば、人が思うように個体数を抑制するとなれば、社会は相当に強い意思とコストを準備する必要がある。

島嶼部でのイノシシの分布回復は、人による持ち込みでなければ、自然に泳ぎ渡ったことになる。カメラ付きスマホが普及したせいで、瀬戸内海の島々をぬうようにイノシシが泳ぎ渡るところが目撃され、撮影され、SNSで拡散されている。また、有明海の沖ノ島、長崎県の五島列島の島、奄美大島の近隣の島を泳ぎ渡るイノシシも確認されている。

こうなると、イノシシが海を泳ぎ渡ることは普通の現象としてとらえなくてはならないが、いったいどれほどの距離を泳ぎ渡る能力があるのだろう。もはや、野生動物の分布拡大能力というものを考え直さなければならない。何万年もの時間の中で、果たして日本付近の海はどこまで分布を隔てる壁でありえただろう。

4.5　イノシシとの闘い

たとえば考古学者の新津健（2011）が著した『猪の文化史（歴史篇）』には、近世の文献資料から人とイノシシの闘いの記録が拾い出されている。そこには、イノシシ対策の基本が昔からなんら変わらないことが読み取れる。強いて現代との違いを見出すなら、その当時の人々の困窮と、命がけで食料を確保しなければならなかった切実さにあるだろう。明治以後に人口が増加して、急速な土地改変と強い捕獲圧で攪乱された結果、戦後になる頃には、大型野生動物は身近な存在ではなくなった。そのせいで、現代社会は獣害に真剣に取り組む姿勢をどこかに置き忘れてきたようである。

イノシシ対策の話題の筆頭は、江戸時代の対馬藩（現「長崎県対馬」）が9年の歳月をかけて実行したイノシシとシカの根絶談である。この事業をリードしたのは対馬藩の奉行であり儒学者であった陶山鈍翁（すやまどんおう）である。彼が記した「猪鹿追詰覚書（いのしかおいつめおぼえがき）」という計画書から、詳細な事業内容を読み取ることができる。もともと生産性の低い島であったから、人々が飢饉におちいることも多く、藩としては獣害を見過ごすことができなかった。そのため南北に長い対馬を柵によって六つに分断し、9年をかけて22万人以上の人夫や猟師を投入し、約8万頭近いイノシシを獲りつくしている。

その作業計画は実に綿密なもので、区画内の樹林を伐採し、これを材料として分断柵を作り、柵の設置後も見回り補修に人をあてている。そのうえで、600人2班、1班1日1坪（半里×1里半の長方形区画）のペースで区画内の追い出しを行いながら、獲りつくしていった。そこに、のべ900人近い猟師が200匹以上の猟犬を連れて参加していたという。これだけの労力を投入するには相応の資金と食料が必要となる。鈍翁はその借金返済計画までたてている。

時は「生類憐みの令」の徳川綱吉の時代であったことを考えるなら、切腹覚悟の大事業であったろうことも興味深い。

次に話題になるのは、八戸藩（現「青森県八戸市」）の猪飢饉である。「八戸藩日記」、「八戸藩勘定所日記」、「八戸藩御用人所日記」を引用して、冷害、獣害による不作によって3,000人以上が餓死したと『八戸市史』に記録されている。大飢饉の前後に、増える一方のイノシシに対して藩をあげて対策にのりだし、藪や山林を刈り払い、焼き払いを行って、数百人規模の人夫、猟師や猟犬を加えて大規模な駆除が何度も行われている。

江戸時代の獣害対策の基本は、環境整備、追払い、退治、シシ垣、神頼み、の組み合わせであり、食料生産力を維持するためにたいへんな人力と対価を投入していたことがわかる。「環境整備」とはイノシシがこもる下草を刈りとり、藪を焼き払う行為である。「追払い」とは田畑に番小屋を置き、獣の出てくる夜間に火を焚き、見張りをして獣を追払うことである。銃が広まってからは「威鉄砲（おどしてっぽう）」という弾をこめない空砲を撃って獣を追払った。「退治」とは駆除のことで、弾の入った銃の発砲許可を持つ専門職の猟師が行った。村在住の猟師がいなければ他所から雇い入れた。「シシ垣」とは人の生活空間と獣の生息空間の境界に、獣の出没を抑制するために築かれた2m近い高さの柵や土手のことを指す。石や土を積み上げたものもあれば、木を組み合わせた柵もある。その建設と維持管理には相当の労力を割いていたはずだ。そして「神頼み」とは、いろいろやった上で、最後は神仏に祈るしかないとの思いを指し、オオカミを神として祭る神社の狼札が獣害対策に効果があると重宝された。秩父の三峯神社が有名である。

これらは、農水省のウェブページに豊富に紹介されている現代のイノシシ対策とまったく変わりはない。違いがあるとすれば、たいへんな困窮の中で食料を作っていた時代の、神頼みまでした人々の意識と、手元になければ買ってくればよいと考える現代人の意識の違いにあるだろう。終戦からの、実にありがたい時代をほんの半世紀ほど過ごしただけで、人々の気持ちがゆるみ、イノシシに隙を与えてしまっているということだ。

4.6　イノシシを減らす努力

イノシシ増加の一大事に気づいた21世紀初頭、その個体数を減らす努力が強化された。国は2013年（平成25年）12月に「抜本的な鳥獣捕獲強化対策」をかかげて10年で個体数を半減させるとした。それを受けて環境省は、鳥獣法の中に「指定管理鳥獣捕獲等事業制度」を設け、自治体に交付金を投入してイノシシの捕獲を強化した。また、「認定鳥獣捕獲等事業者制度」を設けて捕獲体制の育成強化を図っている。これらと従来の捕獲制度である、猟期の狩猟、有害捕獲、個体数調整を組み合わせて、現場の事情に合わせて捕獲を強化することができるようになった。

一方、農林水産省では、2007年（平成19年）成立の「鳥獣被害防止特措法（鳥獣による農林水産業等に係る被害の防止のための特別措置に関する法律)」により、鳥獣法と整合のとれた被害防止計画を市町村が作成して、鳥獣による農林水産被害の防止に農林水産部署が積極的に対応できるようにした。さらに、必要に応じて捕獲許可権限を都道府県知事から市町村長に委譲できるようにして、すみやかな捕獲を可能にした。また市町村が鳥獣被害対策実施隊員を設置することも可能になった。

以上の法改正によって制度の整備が進み、各自治体が捕獲を強化した結果、昭和時代に年6万頭前後であったイノシシの捕獲数は、年々増加して、2016年（平成28年）には10倍の年60万頭を越えて捕獲されている（図4.5)。それでもイノシシによる問題は減らない。そればかりか、これまで消えていた地域に分布が広がっている。そのため、どれだけ獲ってもイノシシは増えていると言われてしまう。半減事業が終了する2023年（令和5年）に個体数が半減するかどうかは自治体ごとに判断すればよいことだが、個体数の増減に関係なく分布は確実に日本列島に広がっている。そもそもイノシシの場合、個体数が半減したことを確定する指標を得ることすらむずかしい。

たいていの野生動物は、ある地域の個体数が増えて、その食物や空間の量に対して密度が頭打ちになれば、あるいは、その場所が危険になるとか生息に適さなくなれば、若い個体ほど新天地を求めて外へと出ていくものだ。それが分布拡大のメカニズムである。西日本のイノシシが海を泳ぎ渡り、東日本のイノシシが北に向けて分布の空白地帯に進出していくのは、ごく自然な野生動物の

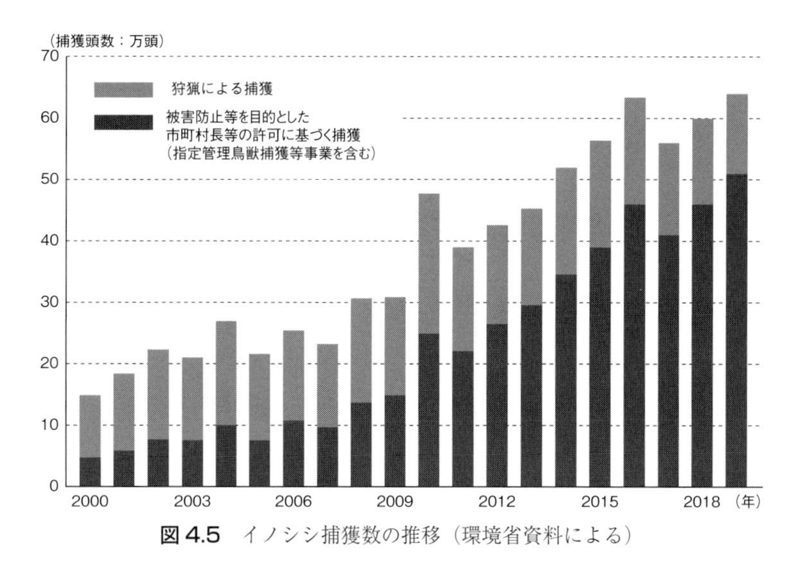

図 4.5　イノシシ捕獲数の推移（環境省資料による）

生態の現れである。

こうした習性がある以上、ある地域のイノシシの個体数を減らすことができたとしても、その場所を取り囲む壁がないかぎり、しばらくすれば隣から進入してふたたび増えていくものだ。もちろん残った集団も繁殖を続ける。イノシシのような繁殖力の旺盛な動物は回復のスピードも速い。

4.7　イノシシと対峙する現場

昭和時代までイノシシの分布を抑え込んできた理由を考えるなら、近世から近代にかけて、増加した人口が里山の植物を使いつくしていたせいで、イノシシの好む森や藪が身近な場所から消えていた可能性や、困窮する時代であったからこそ農作物の被害防除は命がけの切実な問題で、駆除の勢いが強かったことによるだろう。しかも銃という便利な武器が農村にたくさん配備されたので、イノシシのようなうまい栄養のある動物なら、獲って食べる欲求はきわめて強かったに違いない。現代の日本人は、そこまでの強い敵対心をイノシシに向けることができているだろうか。

2,000 年にわたって害敵であったイノシシとの闘い方は十分に学んできたはずだ。そして明治近代化に伴う食料増産と土地改変がイノシシの生息空間を

図 4.6　竹林に潜むイノシシ（滋賀県大津市）

奪って排除してきた。戦後は関東以西の狩猟者のもっとも好む獲物として山の中で獲られてきた。こうした人の圧力が両者の棲み分けを達成していたと考えられる。しかし、1960 年代から始まる過疎問題が半世紀以上も改善されず、後継体制を失ったせいで、江戸時代から伝わる獣害対策を実行できなくなった。両者を分けていた「結界」ともいうべき力がいつしか失われてしまったということだろう。

今では農業従事者の減少によって耕作放棄地が点々と発生し、農地の中に虫食い状にイノシシの隠れ場所ができあがっている。また、農地を囲む里山には竹林が繁茂して分布を広げている。毎年の春に頭を出すタケノコはイノシシの大好物であるから、これも誘引要因となっている（図 4.6）。確かに交付金を投入して捕獲の努力が続けられてはきたが、高齢化の進む集落のすべてに対応できるほどの人手がない。猟犬を連れてずんずん山に入ってイノシシを追いかけまわす若者はもういないのである。素人が罠を仕掛けたところで、頭の良いイノシシは避けて通る。農地の近辺にはうまい食べものがたくさんあるのだから、危険を冒して罠に入るはずもない。

農林水産省の補助によって全国の農地には柵や電気柵が設置されている。しかし、うまいものが実る時期や場所を学習したイノシシは、ちょっとした柵のほころびをとらえて突破する。そんな知恵比べが続くうちに、高齢化した農家は諦めて農業をやめてしまう。そして農業が放棄されたところから問題は消えるのだが、被害は別の場所へと移っていく。

4.8　街に出るイノシシ

耕作放棄地や竹林を渡り歩き、森のように生長した河川敷の藪を通り抜ければ、市街地の真ん中まで簡単に出てこられる。人を恐れず、慌てず、うまくそこまでたどりつけば、定期的にいつもの場所に生ごみが置いてある。あるいは人がぶら下げて歩く買い物袋を襲えばうまいものにありつける。時には人間が餌を撒いてくれる。住宅地でも道路でも都市に入れば銃で撃たれる危険も、犬に追われる危険もない。そのことに気づいたイノシシは、安心してこの空間に潜り込むことを習慣にしていく。

もっと衝撃的な事実は、神戸の繁華街に出没するイノシシだ。神戸市や兵庫県森林動物センターの調べによると、発端は1960年代に始まる六甲山麓での餌付けにある。市街地に出没するイノシシに公然と餌付けが継続されるうちに、イノシシの被害が頻繁となり、餌付けを続ける人と市民からの苦情の板挟みの中、神戸市は2002年（平成14年）に「イノシシ餌付け禁止条例」を定めた。それでも闇にまぎれて餌付けは止まらない。

神戸の市街は六甲山と海に挟まれた狭い麓である。山のイノシシはコンクリート張りの河川を通りぬけてすぐに市街地に出てしまう。昼間は市街の緑地に潜み、夜に徘徊して、人がぶらさげている買い物袋を襲う。そんな事故が増えた。イノシシにしてみれば、馴れてしまえば棲めば都、繁華街ですら怖い場所ではなくなる。この事実は、野生動物の侵入が都市部であろうと特別のことではないことを示している（図4.7）。

実際、市街地への出没は全国各地で増加しており、東京都心部ですら目撃情報が増えている。2014年には府中市のJR武蔵野線でイノシシが電車にぶつかっ

図4.7　ゴミをあさるイノシシ（兵庫県神戸市）

た。2019年には足立区の荒川河川敷の北千住付近で何度か目撃された。同年、国立市、立川市の市街にイノシシが出没した。おそらく大型台風19号によって河川が氾濫したせいで、多摩川の河川敷に潜んでいたイノシシが、河川敷から飛び出して市街地に入り込んだものと考えられる。

2011年、東日本大震災とともに発生した福島第一原子力発電所の事故の後、帰還困難区域でイノシシが増加して、放射能汚染とともに住民の帰還を妨げている。突発的な避難で人が消えた街には、白昼堂々、除染作業員のわきをイノシシがすり抜けていく。時が停まったまま残された住宅のガラス扉を破ってイノシシが使っている。わざわざ雨宿りのための巣を作る必要もないのだから、子供の生存率もあがるだろう。

帰還困難区域では、市町村、県、国によるイノシシ駆除が続けられてはいるが、森林内は除染されないので、立ち入り制限によって捕獲可能な範囲は限られている。そのため増殖分以上に獲って個体数を抑制できるほどには進まない。おまけに、この地のイノシシは放射能に汚染された動植物を食べ、身体の内外から放射線を浴びている。捕獲を担う人々は、除染のために、捕獲したイノシシを特定の処理場まで運ばなくてはならず、たいへんな負担を背負った作業となっている。

この章の冒頭にあげたように、家畜化されやすい動物の特徴は従順性にある。それが人への馴れやすさを生み出す。2016年に『野生動物の餌付け問題』（畠山武道監修、小島望・高橋満彦編著）という非常に重要な本が出版されて、人間の都合で野生動物の野生を奪うことの是非を世に問うている。この中で、餌付けの視点でイノシシ問題を整理した小寺祐二は、神戸の事例のような意図的餌付け、農地に放置された野菜や果実による非意図的な餌付け、さらに農地の近辺に設置された箱罠（はこわな）でさえ、必要以上に撒かれた餌が農地への誘引や栄養供給につながる半意図的餌付けであると指摘して、警告している。敵に対して隙だらけのまま闘いを挑んでいるのが各地の実状である。

4.9　豚熱の蔓延

2020年（令和2年）に新型コロナウィルス感染症（COVID-19）が世界をパンデミックに陥れたのだが、それより前の2018年（平成30年）以来トンコレラとして知られる豚熱（CSF）がはやり、日本の畜産業界がいまだに対応に追われている。

豚熱とは家畜のブタやイノシシが感染する致死率の高い熱性感染症で、人には感染しない。豚熱撲滅の歴史については清水悠紀臣（2013）の書いた「日本における豚コレラの撲滅」に詳細に記録されており、初めての発生確認は19世紀の北米とも欧州とも言われるのだが、ブタの品種改良の途上で感受性が高まったと考えられている。そして豚熱の原因がウィルスであることが確認されたのは1903年、ワクチン開発は1930年のことだった。

日本での豚熱は1887年（明治20年）の北海道真駒内種畜場で始まり、その後は本州から沖縄まで各地で頻繁に発生している。こうしたことから、阿武隈山系や北上高地から野生イノシシの分布が消えた原因を豚熱とする見解につながっている。戦後になってGHQからワクチンが提供され、国内でのワクチン開発も進んで、全国的に飼育ブタへのワクチン接種が徹底された。その結果、1992年（平成4年）の熊本県を最後に発生が止まり、ワクチン接種も全面中止となって、2007年（平成19年）には豚熱フリー宣言が出されていた。

清水は、豚熱対策に向き合ってきた日本の関係機関の50年にわたる労苦をねぎらいながら、世界的に見れば撲滅されたわけではないので畜産物の輸入などを通じての侵入に気をゆるめないよう警告していた。にもかかわらず、2018年に26年ぶりに岐阜県で発生し、2021年現在、中部圏から関東、近畿、東北、さらには沖縄にまで飛び火している。

新型コロナ感染症の経験から学んだように、人や物資の地球規模の移動は実に素早く感染を拡散していく。日本に豚熱が持ち込まれる機会はたくさんあった。おまけに現在の日本ではイノシシが分布を拡大させているせいで、豚舎の周囲には普通にイノシシが生息している。イノシシが感染すれば、その個体の、糞、尿、鼻水、涎(よだれ)が地面に落ち、そこから他の個体に感染していく。また、山を歩く登山者、猟師、森林関係者が森の中でウィルスを踏めば、靴の底にウィルスをつけて歩くので感染範囲は街へと広がっていく。岐阜県から急速に関東へと拡がった経緯は、イノシシによる伝播にしては速すぎる。まして沖縄への伝播は人為的なものであることは明らかだ。

国や自治体は、イノシシによる拡散を封じ込めるために捕獲強化や経口ワクチンの散布などを実施しているが、相手は野生動物なので、やみくもに狩猟者が山に入って根絶できるものではない。こうなれば豚舎を中心にしたエリアの防衛に重点を置くしかないだろう。

実は、アフリカ豚熱と呼ばれるASF（African swine fever）という、もっと警戒されているウィルスがある。いまだに有効なワクチンが開発されておらず、治療法もない。現在、アフリカ、ロシア、アジアで発生して、日本への侵入の可能性が高まっている。アフリカ豚熱はダニによって媒介されるので野生動物の全体が運び屋になる。もし国内の豚で発生すれば、畜産業界への影響ははかりしれない。あるいは野生のイノシシの生存さえ危ういかもしれない。

4.10　感染症の侵入を防ぐ

イノシシが持ち込む感染症のうち家畜に感染するウィルスや細菌には、豚熱、アフリカ豚熱、豚サーコ、豚パルボ、豚繁殖・呼吸器障害症候群、口蹄疫、オーエスキー病、牛疫、出血性敗血症、豚水疱病などがある。家畜のほかに人やペットにも感染する人獣共通感染症としては、E型肝炎、狂犬病、日本脳炎、豚インフルエンザ、炭疽、ブルセラ病、レプトスピラ症、などがある。これらはイノシシの涎、鼻水、糞、尿とともに排出され、うっかりそれに接触したペットのイヌやネコまたは人が感染する。いずれにしても感染が広がれば付近の畜舎の家畜をすべて殺処分しなくてはならず、畜産業界の損失はきわめて大きい。

これはイノシシにかぎらないが、人の生活空間に野生動物が頻度高く入り込んでくれば、当然、感染症が持ち込まれる確率が高まる。イノシシは多産系で、親に連れられて学習していく子供の数も多いので、もしも人為的空間に馴れた母親が登場すれば伝播のスピードは速まるだろう。

現在、マダニが媒介する重症熱性血小板減少症候群（SFTS：severe fever with thrombocytopenia syndrome）というウィルスが静かに日本国内で広がっている。2021年7月現在、西日本を中心に641人の感染が確認され、うち80人（12%）の死亡が確認されている。これは現時点で確認されている新型コロナウィルスの致死率と比べても、はるかに高い。これにかかると発熱、下痢、嘔吐、腹痛などの消化器症状、頭痛、筋肉痛、意識障害、失語症などの神経症状や、リンパ節腫脹、皮下出血、下血などの出血症状、白血球減少、血小板減少が起こる。現在のところ、特効薬も予防ワクチンもない。

ダニを持ち込むのはイノシシにかぎらない。全国に分布を拡大して東京23区内にも定着を始めた外来動物のアライグマやハクビシンでも同じことだ。野生動物が身近になり、空間を重複する確率が高まるほど感染率も高まる。農林作業、登山、ハイキングばかりでなく、河川敷でスポーツやバーベキューをしていても、イヌの散歩でも、草藪でダニを拾って噛まれてしまえば感染する。そんなペットの鼻や口先にキスをしたり、ペットの体液や血液に触れたりすれば人にも感染する。

新型コロナウィルスの変異がどんどんと起きていることから知られるようになったのだが、感染症ウィルスは変異しながら、野生動物から、家畜、ペット、人へと感染していくものだ。たとえば、鳥インフルエンザは2021年初頭にロシアで人型に変異したことが確認された。もし人に感染して重篤な病におちいっても、薬やワクチンがなければ、人はなすすべもなく死亡する。家畜が感染すれば畜舎まるごと殺処分することになる。畜産業界への影響は深刻となり、私たちの日常の中で肉や卵が高騰し、供給が止まるかもしれない。大量の殺処分に直接携わる関係者へのメンタルな負担も大きい。

こうした脅威に対して、私たちのできることは、感染の機会を減らす方向でライフスタイルを修正していくことしかない。少なくとも媒介者としての野生動物とは距離を置き、身近な存在にしないことだ。そのことが機能としてセットされたコミュニティを作り、棲み分けを達成しておくことにつきる。

第5章

雪山に登った熱帯生まれのサル

5.1　ヒトに似た野生動物

サルの仲間は霊長類と呼ばれ、熱帯地域を中心に世界に220種ほど現存している。そのうち日本列島の本州以南に生息するニホンザル(*Macaca fuscata*)は、オナガザル科マカカ属に分類され、インド北部から中国南部に分布するアカゲザル、東南アジアに分布するカニクイザル、台湾に分布するタイワンザルと近縁で、30万年～40万年前にアカゲザルと共通祖先の段階で朝鮮半島あたりから渡ってきて、日本列島に閉じ込められたと考えられている。そして、頭に雪をかぶり温泉につかる地獄谷のサルの画像とともにスノーモンキーと呼ばれ、世界で最も北に棲むサルとして知られている（図5.1)。

戦後まもない1948年、九州の宮崎県都井岬で野生馬の研究を始めた京都大学の今西錦司、川村俊三、伊谷純一郎の3人が、ニホンザルの群れに遭遇したことがきっかけで、日本のサル学が始まった。以来、日本の各地でニホンザルの生態研究が始まり、アフリカや南米のサルも含めて世界をリードする霊長類学、文化人類学へとつながった。ジャーナリストの立花隆が雑誌『アニマ』に連載して、後に単行本（1991）となった『サル学の現在』には、初代のサル学者たちの思索の変遷が紹介されていて、専門家でなくとも面白く、広く読まれた。また、辻大和と中川尚史（2017）が編集した『日本のサル』を読めば、現在のサル学が、科学技術の発展とともに、さらにすそ野を広げていることがわかる。

サル学の始まりは日本の野生動物の研究史としても記念碑的出来事である。餌付けや人付けは森の中の野生動物になんとか近づくための調査法として、シカ、カモシカ、イノシシの研究に引き継がれた。その後は、大きく動きまわる

図5.1　ニホンザル（福井県三方郡）

動物を追うために地上波発信機やGPSを使った調査法が開発され、現在では、急峻な地形の壁を突破して、まったく次元の違う行動圏の情報が得られるようになった。その技術は現在のサルのマネジメントにも応用されて成果をあげている。

ところで、サルが人と近縁で、姿かたちも人に似ていることは、いまでも動物園の人気者である理由だろう。彼らは古代から他の四つ足動物とは違った興味の持たれ方をしてきた。サルを馬の守り神とする厩神（うまやがみ）信仰がインドから伝わると、大事な家畜である馬の守り神として、馬小屋にサルの頭などを飾る風習が日本の各地に定着した。その延長で猿回しという優れた伝統芸能も生まれている。猟師が猟に出るときにサルに出会ったら、獲物が「去る」からと猟を中止する習慣のあった地域や、サルを獲ることそのものを禁忌する地域もあった。そんなセンチメンタルな態度とは裏腹に、実際には胆のうや頭の黒焼きが漢方薬として重宝され、いくつかの地域では捕獲がエスカレートして獲りつくされた。

戦後に実質的に換金価値が失われたとき、ようやく専門家の判断の下、サルは狩猟獣からはずされて非狩猟獣となった。さらに、カモシカと同様にいくつかの群れの生息地が天然記念物に指定されて保護政策がとられた。にもかかわらず、農作物の害獣として一年中いつでも駆除が行われている。非狩猟獣という制度が目指すところは現場ではまるで理解されていない。あるいは、意図的に捕獲をカムフラージュするために作られた制度であるかのようにも見える。それが科学的マネジメントの時代の制度としてどんな意味を持つのか、そろそろ考えてもよいだろう。

サルの群れを研究する学者は駆除を嫌う。猟師も人に似たサルを獲ることを好まない。だから換金性を失った現代においては、サルを駆除したい意思は猟師のものではなく、主として農の意思である。とはいえ苦労して育てた農作物を食い荒らすサル、観光餌付けの延長で人に慣れて、店先の土産物を奪い、家に侵入して食物を盗むサルは、住民にしてみれば腹が立って仕方のない野生動物である。そこに外来サルとの交雑問題まで加わって、サルのマネジメントには、さまざまな思いが入り乱れて、他の動物とは少し違った空気に満ちている。

今世紀の初頭、サルのマネジメントにかかわる者なら知っておくべき情報が書き留められた2冊の好著が出版されている。三戸幸久と渡邊邦夫（1999）による『人とサルの社会史』では、日本列島のサルと人間の歴史的な経緯について子細な情報を積み上げて、今日の問題の原因を探っている。大井徹と増井憲一編著（2002）による『ニホンザルの自然誌 ── その生態的多様性と保全』では、日本の各地でサルの群れを長く追跡してきた研究者たちによって、その多様な生きざまが紹介されており、21世紀に向けた課題が集約されている。これらは、1999年（平成11年）に鳥獣法の中に特定鳥獣保護管理計画制度が創

図 5.2　厳しい寒さに耐える北限のニホンザル（青森県下北半島）

設されたとき、「サルを管理する」という言葉が無思慮に世の中に浮上したことに刺激されたように、いずれも野生のニホンザルを護ることの意味を問うものとなっている。

5.2　サルの特徴

熱帯に起源を持つサルでありながら、日本列島に閉じ込められたために、ニホンザルは寒冷化と温暖化を繰り返す時代を生き抜いて寒冷地適応を獲得した（図 5.2）。そのため中部山岳地帯の 3,000m 級の高山にも登り、雪が多くて厳しい北陸や東北の冬でさえ生き抜く能力を身につけた。そのことがニホンザル最大の特徴である。そして、下北半島から屋久島まで、南北に長い日本列島の複雑な地理的条件の下で、地域それぞれに異なる生態を見せる。

体重の平均はオスが 12kg、メスが 9kg だが、北方や高山など寒くて雪の降る地域に暮らすサルほど体のサイズは大きく、体毛が長い（図 5.3）。地上生活を取り入れた樹上生活者であり、昼の間は活動して、陽が暮れると外敵や風を避けられる針葉樹の樹冠部などに隠れて夜明けまで動かない（図 5.4）。そうし

図 5.3　体毛が長い北のサル（宮城県金華山）

図 5.4　サルの泊まり場（青森県下北半島）

図 5.5　ツツジの花を食べるサル（京都府京丹後市）

図 5.6　ニセアカシアの花を食べるサル（京都市）

た場所は「泊まり場」と呼ばれる。植物食中心の雑食性で、主に植物の葉、小枝、茎、果実、種子、花、根、樹皮、冬芽を食べ（図 5.5、図 5.6）、動物質として、昆虫、クモ、カタツムリ、ナメクジ、魚、カエル、トカゲ、ヘビ、鳥の卵、などを食べる。雪の多い地域では、秋のうちに体内に脂肪を蓄えて、雪の中で厳しい冬を耐えぬく。

基本的に複数のオスと複数のメスで構成される群れで行動し、ハナレザルと呼ばれるオスの単独個体が群れ間を出入りする。群れの大きさは数頭から 100 頭を超えることもあり、隣接する群れとの間にゆるい排他性を持つ。また、集団が大きくなると分裂する。交尾期は秋から初冬（図 5.7）、出産期は春から夏である。オスは 4 歳、メスは 3 ～ 4 歳で発情して繁殖に参加する。1 産 1 子である（図 5.8）。基本的にメスは群れに留まるが、オスは 4 ～ 5 歳で群れを出て、他の群れを渡り歩いて交尾に参加する。交尾期以外の期間にオスだけの群れを形成することもある。

群れの行動圏（遊動域）は、群れによっても地域によっても異なり、雪の多い地域や標高差の大きい山岳地帯を利用する群れは、季節的に利用地域を変える。群れの大きさ（個体数）の地域的な違いや分裂する時の群れの大きさは、食物資源量などに左右される環境収容力が関係すると考えられている。また、長期にわたって生態調査が続けられてきた石川県白山の群れでは、豪雪の冬に 0 歳児を中心とする大量死が起きて、それによる個体の離脱、群れの消滅が起きたことが詳細に記録されている。

サルの群れは、中部山岳地帯の、北アルプス、中央アルプス、南アルプスの 3,000m 級の稜線でさえ利用する。初夏に気温が上がって雪が融ける頃に、徐々に高山特有の草地へと食物を求めて登ってくる。そして、秋にはしだいに標高を下げて厳しい冬を越す。この情報がもたらされた時、ニホンザルは海岸線や山麓に棲む動物だと思い込んでいた学者は驚いたという。こういうことはどの野生動物でも常々経験するのだが、科学技術の進歩によって調査手法が進化したおかげでもある。私も何度も裏切られ、驚きの連続である。だからこそ野生動物は興味がつきない。とくにマネジメントにかかわる者は、思い込みを避けることを常に意識しておくべきだろう。従来の見方にとらわれていると、とんでもないことが起きるものだ。

図 5.7　晩秋の交尾（宮城県金華山）

図 5.8　子育て中のサル
（鹿児島県屋久島）

5.3　分布の変遷

環境省の生物多様性センターが実施した、1978年、2003年、2009年、2015年時点のサルの調査から、37年間の分布の変化を読み取ることができる（図5.9）。

1978年（昭和53年）調査の時点では、もともと生息しない北海道や屋久島以外の島嶼部を除いて、分布は本州、四国、九州に認められたものの、東北6県では奥山の県境付近にしか生息は確認されなかった。サルが昔から資源として獲られてきたことについては三戸幸久が丁寧に調べている。家族同然に大切にしていた牛馬の魔除けとされた厩（うまや）ザル（サルの頭など）の習慣は、かつては全国で見られるほどの高い需要があった。そのほかにも、毛皮、肉、薬としての頭の黒焼き、サルの肝も利用されていた。サルの胆のうがクマの胆のうより高価に取り引きされた地域もあったという。

殺生の抑制や自分の山の獲物を絶やさない意思が働いた持続的な狩猟は、江戸期までのことである。明治以後は市場経済に牽引（けんいん）された狩猟へと変化した。狩猟が熱を帯びるほど、他人より早く捕らえて金にしたいとの意思が働くものだ。近代という時代に各地の野生動物が獲りつくされたことの心根は、株価に一喜一憂し、トイレットペーパーの買い占めに走る現代の日本人と同じことで、特別な現象ではない。魔物は市場経済というシステムに潜んでいる。

民俗学者の千葉徳爾（1975）は『狩猟伝承』の中で、サルを獲ると祟（たた）ると言って撃つのを嫌がる猟師は中部から西南日本に多く、東北の事例ではないという。その理由は、単独猟と集団猟の意識の違いにあると考察している。千葉が調査をしたのは、あくまで昭和以前の時代のことだが、東北では集団で猟をすることが多かった。それは雪が多く環境条件が厳しいことによるだろう。そうした状況下では信仰よりも生きぬくことが優先したのに対し、山の中で孤独に行う単独猟では殺生に対する畏怖の感情が湧きやすいとの解釈だ。このことは山の中で独りで過ごした経験を持つ者なら納得できるだろう。個人の感情とはいえ、こうしたことが狩猟圧を左右する重要な要素となる。

先の分布図からは、生き残った集団を核として、数十年のうちに分布が拡大してきたことがわかる。地域の事情は異なるので一様に語るべきではないが、1960年代から始まった中山間地域の過疎の進行にサルの分布拡大が呼応してきたという理解は、おおむね間違いではないだろう。そしてこの分布拡大のプ

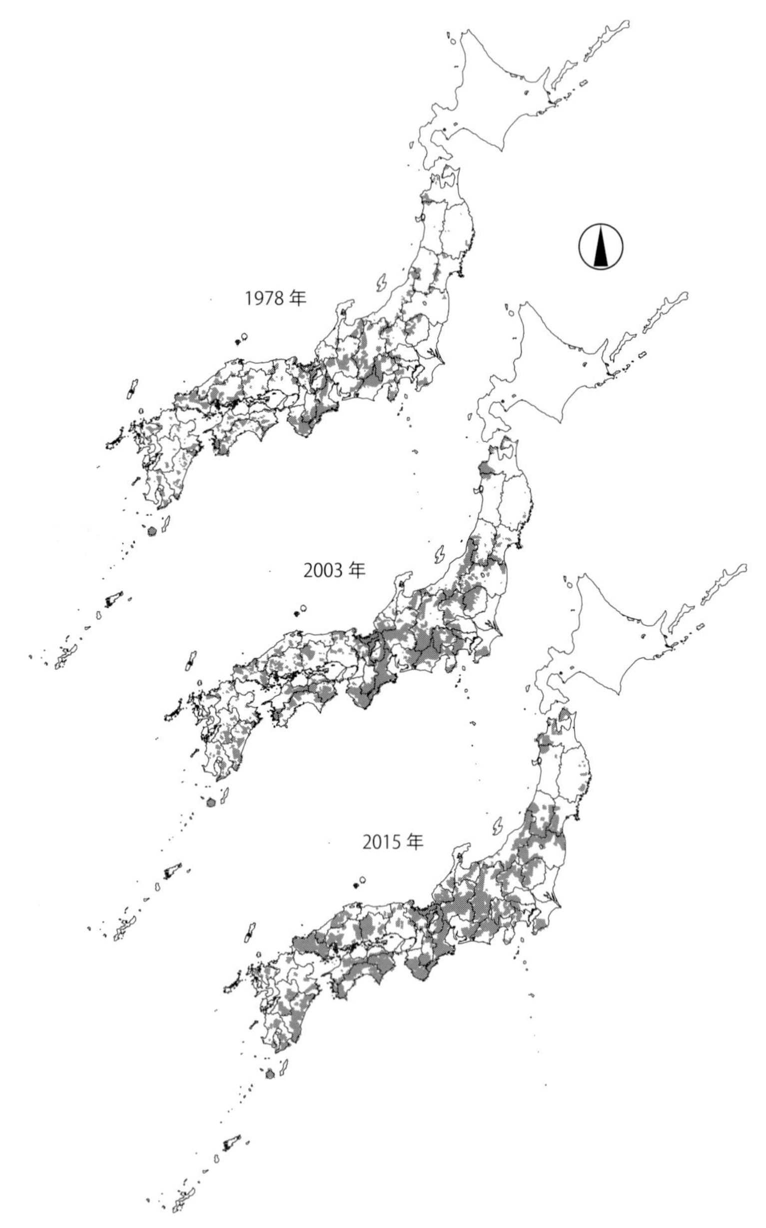

図 5.9　ニホンザルの分布の変遷（環境省生物多様性センター資料より作図）

図 5.10　白昼に畑に出るサルの群れ（上下とも滋賀県高島市）

図 5.11　住宅地に出るサル（上下とも滋賀県大津市）

ロセスの中で明らかに人との軋轢が増えた。渡邉邦夫は1990年代からサルが逃げなくなったと書いている。白昼堂々と畑に出るだけでなく（図5.10）、市街地や家の中にまで侵入するサルが目立つようになったことによるのだが（図5.11）、ここに見られる人とサルの間の緊張感が失われたことこそ、分布拡大の主要因と言ってもよいだろう。

一方で、1978年と2015年を比較すると、分布情報の消えた地域が各地に点在することも見逃せない。有害捕獲によって獲りつくしてしまったとか、生息環境が大きく変容してサルが棲めなくなったとか、理由はいくつも考えられるが、過疎の進行によって山に入る人がいなくなって情報が乏しくなったとも考えられる。そんな調査手法上の問題だとすれば、そもそも比較することすらできない。

生物多様性保全を前提にサルのマネジメントにかかわる立場にある者は、分布の消えた理由を正確に確認しておくべきだろう。昔のように情報手段のなかった時代とは違うのだから、消えた理由をきちんとすくいあげることは情報化時代の基本である。その状況を改善する必要が見つかるかもしれないし、サルのマネジメントの全体に応用できるヒントが隠れているかもしれない。

5.4　保護の努力

敗戦直後の1947年（昭和22年）、メスジカの非狩猟獣化と同時にサルも狩猟の対象から外された。すでにサルは見かけない動物になっていて猟師の同意を得やすかった可能性がある。ただし、鳥獣法では猟期限定の狩猟の対象から外されても有害捕獲（駆除）は認められていたのだから、地元の要請によっていつでも捕獲は行われてきた。しかも駆除は狩猟よりも法的制約が少ないので、エスカレートしがちである。

今西錦司らがサルに関心を持ち、餌付けによる観察でサルの社会の研究を始めると、野生のサルを餌付けして見られるようにした野猿公苑が各地に開苑した。それは敗戦後の貧しい時代にあって、娯楽に乏しかった人々にささやかな楽しみをもたらした。1950年代から1970年代にかけて全国に41ヵ所も誕生した野猿公苑の目的は、経営論的には今どきのテーマパークと同じで、時代の求めに応じて経済効果を期待したということだろう。しかし、サルの研究者が関与したことによって、減ってしまったサルの増殖、猿害防止、サルの研究、自然教育といった目的を併せ持つものとなった。

さらに、保護を担保する意図もあったのだろう、1950年（昭和25年）に史蹟名勝天然紀念物保存法に代わって誕生した「文化財保護法」によって、6ヵ所の餌付けしたサルの群れの生息地が国の天然記念物に指定された。指定順に、大分県高崎山のサル生息地（1953年）、宮崎県幸島（こうじま）サル生息地（1954年）、大阪府箕面山（みのおやま）のサル生息地（1956年）、岡山県臥牛山（がぎゅうざん）のサル生息地（1956年）、千葉県高宕山（たかごやま）のサル生息地（1956年）、しばらく遅れて青森県の下北半島のサルとその生息域（1970年）が対象となった。

さほど時間がかからないうちに野猿公苑のサルの増殖には成功したのだが、彼らは飼育動物ではなく野生のサルの群れであったから、やがて近隣の農地の作物に被害を出すようになった。そのため野猿公苑は自ら増やしたサルを駆除せざるをえなくなった。餌付けして身近に寄せた野生のサルの群れを、観光客に見せて経営を成り立たせてきた野猿公苑にとっては、駆除は大きなジレンマとなった。さらに高度経済成長という時代の変化によって世の中の価値観が変化し、観光のあり方も変わった。そのため早々に半分以上が閉苑した。

たとえば、神奈川県の箱根では1955年に野猿公苑が開設され、20年にわたって野生のサルを餌付けした後に閉苑した。餌をもらえなくなったサルは畑に被害を出すようになり、やがて市街地に入り込み、八百屋の野菜を盗み、繁華街を闊歩するようになった。神奈川県は、サルに食物を提供する森を整備しつつ、一方で農地に出る群れは駆除するという「野猿の郷事業」を開始して、追い上げ隊によって農地から追い出すことにも取り組んでみたが、問題はいまだに解決していない。

石川県白山で餌付けされていない純野生群を追っていた伊沢紘生が、1981年に野生の群れには「ボスやリーダーと呼べる存在はない」と報告して以来、餌付け群の動物社会学的研究の位置づけが変わった。本来の野生のサルの社会とは何か、そのことがふたたび問われるようになった。とはいえ、サルの群れが急速な環境破壊と強い捕獲圧にさらされていた戦後という時代にあって、研究対象として、あるいは観光の対象として、人々の関心の下に保護するという考え方が、サルという野生動物の生存に大きな役割を果たしたことは事実である。

5.5 生息環境の変化とサル

第二次世界大戦後、草木が過度に利用されてまる裸になっていた山に、国は拡大造林政策をかかげて針葉樹の広大な一斉林(いっせいりん)を作り上げた。一方、石油やガスへの燃料転換によって、薪炭林と呼ばれた薪や炭を生み出す森が使われなくなり、半世紀も放置されて里の二次林が生長した。こうした森林構造の変化は野生動物にさまざまな影響を与えてきた。

カモシカやシカにとっての造林地は食物の供給される場所となり、林業被害につながった。一方、広葉樹に依存するサル、クマ、イノシシなどの野生動物にとっては、裸地や荒廃地よりはましとはいえ、奥山にまで生み出された広大な針葉樹の人工造林地は好ましい生息環境ではなかった。そのかわり放置されて生長した里山の二次林が、相対的に食物を供給する森としての機能を高めた。さらに、1970年代、80年代の高度経済成長期には奥山で大規模な開発が盛んになり、森林が土木的に扱われたことも、奥山のサルの生息地をかく乱した。たとえば、富山県の黒部渓谷のサルの群れがダム建設現場から下流へと追い出され、山麓の被害につながった。

こうした人為的な環境変化の影響はサルの群れの多くを里に定着させることとなり、農地との距離を縮め、農作物、果樹、廃棄作物、その他にも家庭ごみまで、人為的な食物への依存度を高めた。そして現在では、過疎が深刻となって、農林業の従事者も減り、放置された里山林、耕作放棄地、さらに空き家も増えている。人の活動が衰退したことは、サルにとっては分布を広げる好機となった。そして、サルは人に馴れ、人の生活空間にいっそう近づいて入り込むようになった。こうなったのは自然の成り行きであり、歴史の必然である(図5.12)。

もちろん、地域それぞれに森林の取り扱いは異なるので、サルの群れの現在を生み出した背景を知るために、周辺の生息環境や捕獲に関する歴史的経緯について、できるだけ詳細な情報を整理してかかるべきである。そのことからマネジメントの方向が見えてくる。

図 5.12　稲穂を喰うサル（山形県）

5.6　加害行動の伝播

サルの加害行動が広がっていくメカニズムについては、各地のサルの研究者が長い時間をかけて目視によって確認してきた。そして互いの情報をすりあわせて次のような整理をつけている。

近代以前の強い捕獲圧は人に対するサルの警戒心を強めていた。今でも純粋に野生で生きるサルの群れは人を警戒するもので、人に近づくことを避けて、安易に人の空間に入り込むことをしない。そこに餌付けという行為を持ち込んだ時、人への警戒心が薄れ、サルと人の距離が縮まった。これはサルに近づこうとした人間の意図的な誘導の結果である。そして、その延長で農地に大胆に出没して農作物を食害する行動につながった。

餌付け群でなくとも同様のことは認められる。たとえば、秋になると純粋な野生群も冬に備えて栄養を蓄積したい。そんなとき、たまたま山の中で堅果（けんか）などの結実状況が悪くて凶作となれば、食物を探してやむなく畑の作物に手を出すことがある。行動圏（遊動域）が畑に近い群れほど農作物が目にとまる確率は高まる。はじめは警戒していても、やがて勇気を出した一頭が群れの前で畑

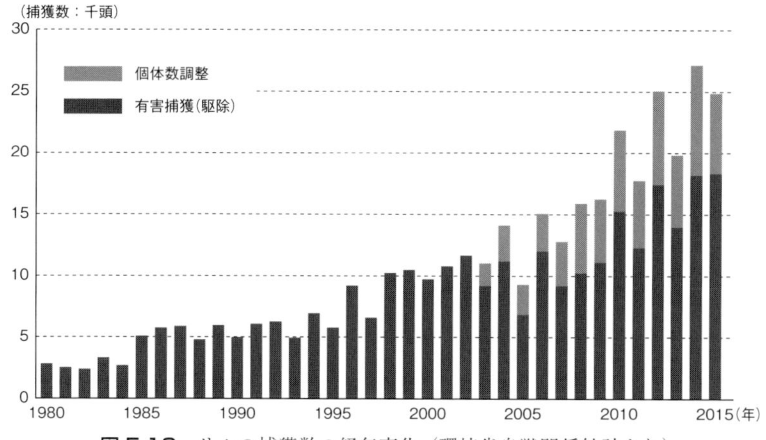

図 5.13　サルの捕獲数の経年変化（環境省鳥獣関係統計より）

の作物を盗む。そのことがきっかけとなって他の個体も加害行動を真似ていく。若い個体も学習して、やがて文化として継承されていく。サルに見られる文化の継承行動は、宮崎県の幸島で海水を使ってイモを洗うサルが発見されたときに確認され、河合雅夫の論文によって国際的に注目されるところとなった。

さらに、オスが群れを離れて他の群れに出入りする習性があることから、被害を出す群れの中の個体が他の群れに入れば、加害行動は伝播（でんぱ）していく可能性がある。あるいは地域の要請によって五月雨式にサルの駆除が続けば、群れが解体されて、生き残った個体が別の群れに入ることになる。そのことも加害行動の伝播につながる可能性がある。やみくもに頭数を獲るだけの駆除は加害行動の拡散につながるということだ。

鳥獣法のニホンザル管理計画を策定した自治体は27府県（2020年（令和2年）10月現在）である。イノシシ（44）やシカ（43）に比べて少ないのは、サルの保護に慎重な事情がないかぎり、すでに非狩猟獣であるのだから、有害捕獲を認めていれば事足りると考えるせいだろう。計画を策定すれば定期的にモニタリング調査を実施しなくてはならないし、そのつど、検討会を開かなくてはならない。それには予算がかかるし面倒も増える。科学的に担保された計画などなくとも、やることは駆除しかないのなら、現場はうまくやっている。そんな思惑が働くかぎり計画策定にはつながらない。

農村では高齢化が進むほど農業を立て直す意思は働かない。その延長で駆除の要請がフラストレーションのはけ口になっていれば、なおさら特定計画の必要にはつながらない。サルが増えている地域では、保護団体や研究者の間でさえ危機感が薄いのかもしれない。社会の関心が薄ければ行政はあえて動かないものだ。

図5.13は、非狩猟獣であるサルの捕獲（駆除）数の経年変化を示しているのだが、1980年代あたりから駆除数が増え続けている。はじめは餌付け群の被害の増加による。その後は明らかに分布域の拡大で軋轢が増加したことによる。さらに、特定計画に基づく個体数を減らすための個体数調整も加わって、中途半端な捕獲の継続によって加害行動が粛々と伝播していくという、人間の側の事情による被害発生のメカニズムができあがってきた。

5.7　畑の防衛

サルのマネジメントは、対象とする地域の生息状況を把握することから始まる。このときサル学で積み上げられてきた方法が役に立つ。まずは現地に入って聞き取り調査を行い、どこでサルを見たか、単独であったか、群れであったか、何頭くらいであったかという話を聞いて、地図上に日時とともに記録していく。その情報を集約して出没カレンダーを作成する。次にサルを追跡した経験を持つ調査員が情報の集まるあたりに出向いて、実際に、サルの群れに遭遇する努力を重ねる。奥山の純粋野生群ではなく、畑に出てくる加害群なら発見しやすい。

被害対策にあたって以前から滋賀県や宮崎県などいくつかの自治体が試してきたことは、群れを出ない成獣メスに発信機を装着して、被害を出す群れの行動圏（遊動域）を把握することだった。電波をたよりに群れについてまわり、行動圏の中をどのような順で移動して一日を過ごしているかを確認する。さらに、道を横断する際に群れの個体数を数え、見通しの良い畑に出てきたときに、性別やおおまかな年齢構成、子供の数などを確認して、群れの増減に関する個体群動態を把握する。いったん、こうした情報が蓄積できれば、あとは対象範囲のいつどこにいけば群れに遭遇できるかといったことが特定される。これにより群れの移動の方向を把握して畑に先回りして追払うという方法の確立へとつながった。

五月雨式の駆除行為は加害行動とともに群れを分散させてしまうだけで、一時のフラストレーションの解消にはなっても問題の解決にはつながらない。何年もサルの被害を受けてきた農家はこのことをわかっている。それでも丹精込めて作った作物が目の前で食い荒らされれば、「こん畜生！」と怒りが湧いて駆除しろと叫びたくなるのは当然のことだ。

この問題の解決を考えてきた試験研究機関の研究者は、実質的な防衛手段として、まずは農地を柵で囲むことを推奨した。そのために大学や民間企業が連携してさまざまなタイプの柵が開発されてきた。サルは柵や網を登ってしまうので、柵の上部に電気の通る線を入れるとか、柵の上部がたわんで物理的に嫌がらせるといったものもある。また、地域住民に向けて、なぜサルが被害を出すかということの説明用パンフレットを作成し、出張レクチュアを行って理解を求めてもいる。より効果的な柵の紹介、柵の設置やメンテナンスの要点について現場で指導する取り組みも進めてきた。

こうした取り組みの重要な点は柵の構造にあるのではない。若い世代がやってきて、あれこれと対応することで、過疎が進む集落に取り残された高齢者の不安を解消することにある。要するに、泥棒や空き巣に用心しろ、オレオレ詐欺に用心しろと、パトロールして話を聞いてくれる役場や警察の活動と同じことだ。社会が気にかけてくれることの安心によって、駆除の要請が一時おさまる。

栃木県では、日光のいろは坂に出没するサルに対して、渋滞した車の中の観光客が菓子などを与えたことで餌付け状態が発生し、被害やサルの群れの行動の変化につながった。県は、サルの群れの位置や群れの大きさを特定したうえで、県内を大きくゾーニングして、ゾーンごとに対策の優先順位を定めるという先進的な取り組みを模索してきた。しかし、この企画は、県と市町村、あるいは地域住民との関係の中で、なかなかうまくいかない。その理由は、目の前で被害を出すサルに対する住民の気持ちは、どのゾーンであっても同じように駆除してほしいと思うもので、企画の意図が実現できなくなることによる。おそらく集落ごとに対応できる、もっときめ細かいゾーニングが必要であったのだろう。ただし、きめ細かく対応していくには、そのための実行体制を整える必要がある。ここにも問題の本質が隠れている。

5.8　サルのマネジメントの到達点

今世紀に入って何度か鳥獣法が改定され、2015年に環境省が作成した「特定鳥獣保護・管理計画作成のためのガイドライン（ニホンザル編、平成27年度）」の中に、サルのマネジメントに関する技術的な到達点が示されている。半世紀にわたるこれまでの経緯を振り返れば、各地でこつこつと積み上げられてきた経験と知恵の集大成であることがよくわかる。その基本的な考えは次のようなものである。

まずは管轄内の群れを把握する。生物多様性保全の観点から、できれば奥山の被害を出さない純粋な野生群の存在についても確認しておく。なぜなら、そうした群れこそが護るべき本質的な習性を維持しているからにほかならない。

次に、それぞれの群れの特徴をできるだけ確認する。群れの頭数、性・齢構成、子供の数、加害行動の程度（加害レベル）。こうした情報が、ここから先のサルのマネジメントの台帳となり、対策の意思決定に役にたつことを理解する。こんなことができるのは群れで行動するサルならではのことで、藪や林に潜んで目視が困難な動物の場合は、おおまかな生息数の推定すらむずかしい。

こうして集めた情報を元に、人との軋轢を軽減することを目的として、相手の加害性のレベルに応じて対処していく。まずは追い上げる。加害レベルの低い段階であれば加害行動を先導する個体を特定して捕獲する。加害レベルが高く、群れ全体の人馴れが進んでいる場合は、群れを丸ごと取り除く。この群れ全体を捕獲する取り組みは以前からあった。たとえば広島県では加害群を餌付けして集団捕獲を実施したのだが、取り残してしまった結果、急速に増えて再び被害を出すようになったという。やるのであれば確実に除去しなくてはならない。中途半端な駆除ならやらないことだ。

おそらく「群れを取り除くとは何事だ」と保護の立場から反論が出るだろう。しかし、人口減少がどんどんエスカレートしていく現在、躊躇していては問題をいっそう深刻なものにする。狩猟者不在の時代に入ったにもかかわらず、自治体は延々と駆除をやり続けなければならなくなる。今は、選択の岐路に立っている。そのことを冷静にとらえなくてはならない。

サルの群れとは正しく棲み分けるべきである。そのために必要な対策は確実に推し進めなくてはならない。強い意思をもって、丁寧に住民や関係団体に対して説明する努力を続けることだ。その先で、サルと人の関係に、ある種の距離を置けるようになったなら、その後の対応は現時点とは違うものとなるだろう。群れのモニタリングを行って、状況の変化に応じて対策を修正していく。それこそがPDCAサイクルに基づく順応的管理ということだ。

自治体によって条件や事情は一様ではないが、人がそれまでの居住空間から撤退していく時代だからこそ、それぞれの空間に同じような防衛コストをかけてはいられない。確実に護るべき場所を護るということに、コストを集中させなくてはならない。その判断の基準となる情報を早く整えておくことだ。

第6章

クマのレッドリスト個体群指定を解除する

6.1　かつて神であったクマ

アニミズム的多神教が人間の精神世界を形作っていた古い時代に、ヨーロッパ、アジア、北米に至る北半球の人々は、大きくて圧倒的な力を持つ、時に静かに思慮深い眼差しでこちらを見つめるクマを、森の王として、あるいは冬になると姿を消して別の世界へと行き来する神なる存在としてとらえていた。二本足で立ちあがる仕草によるのかもしれないが、祖先は人と同じだと信じていた民族も複数確認されている。日本列島でも、狩猟採集生活の色濃い時代の人々はクマを神に近い存在として見ていた（図6.1）。

図6.1　かつて神と崇められたクマ（北海道知床半島）

ヨーロッパにキリスト教が入り込んだとき、征服者はこの古(いにしえ)の神を人々の心から追い出すことにおおいにてこずっている。新たな王としてライオンをかかげ、森を切り開いてクマを殺戮し、生け捕って見世物にして、千年をかけて貶(おとし)めてきた。にもかかわらず、クマと人の特別な関係が断ち切れたとは言いがたい。「テディベア」、「パディントン」、「プーさん」に姿を変えて、ヨーロッパの人々の心の奥底に確かな地位を築いている。一方、アジアに根強く残る漢方の文化は、野生の力を身体に取り込みたいとの思いとともに、熊胆(ゆうたん)と呼ばれるクマの胆のう（図 6.2）が相変わらず熱心な人々を引きつけている。

15 世紀に始まる大航海時代、続く 18 世紀に始まる産業革命の時代を経て、ヨーロッパ的思考が世界を席巻すると、神秘の森は徹底して排除された。その圧力に耐えて、現在、世界に 8 種類のクマ（ヒグマ、アジアクロクマ、アメリカクロクマ、ナマケグマ、マレーグマ、メガネグマ、ホッキョクグマ、パンダ）が生き残っている。日本の北海道に生息するヒグマは（図 6.3）、北半球のユーラシア大陸北部から北米大陸にかけてもっとも分布を広げたヒグマの亜種

図 6.2 クマノイ（熊の胆）、熊胆（ゆうたん）冬眠中は食べないので、消化液の胆汁が使われずに胆のうに溜まる。これを干して商品化する。猟師は、この胆汁の溜まった胆のうを得るために、春の冬眠明けのクマを追う（秋田県）

図 6.3　ヒグマ　体毛の色は茶色で、肩の隆起が特徴的な大型のクマ（北海道知床半島）

図 6.4　ツキノワグマ　体毛の色は黒く、胸に白斑のある小型のクマ（尾瀬ヶ原）

（*Ursus arctos yesoensis*）である。本州以南に生息するツキノワグマは（図 6.4）、アジア極東部から、朝鮮半島、東南アジア、インド北部、台湾や海南島という島嶼部にまで分布するアジアクロクマの亜種（*Ursus thibetanus japonicus*）である。

行動圏が広く生息密度が低い。自然環境への依存度が高い。そうした生態的特徴から、開発による生息環境の減少と強い捕獲圧によって、どの種も絶滅の危機におちいりやすい。竹を食べる白黒毛皮のパンダは密猟と環境消失によって絶滅危惧種の象徴となり、世界的自然保護団体であるWWFのマークに刻まれて、20世紀半ばには国際的に手厚い保護の対象となった。さらに今世紀初頭には、極地の氷が融けだして種の存続すら怪しくなったホッキョクグマが、地球温暖化問題の象徴となってしまった。

世界を見渡せば、日本のクマが狭い島国に生き残ってきたことは奇跡に近い。繁殖力の低い大型動物はこの地でも猛獣として排除され、昭和の初期には九州のツキノワグマが幻の動物となり、今では絶滅個体群となっている。1991年、当時の環境庁はIUCN（国際自然保護連合）にならって『日本の絶滅のおそれのある野生生物』という日本版レッドデータブックを整備して、社会に警告を発してきた。その登録種数は年々増加し、2020年の改訂版では海洋生物も含めて3,772種が記載されている。その中に「絶滅の恐れのある地域個体群」という項目があり、ヒグマでは、石狩西部個体群と天塩（てしお）・増毛（ましけ）地方個体群が、ツキノワグマでは、下北半島、紀伊半島、東中国地域、西中国地域、四国山地という五つの地域個体群が記載されている。

ここにあげられた個体群は、いずれも分布域の狭い孤立した集団であり、生存に必要な最小限の集団のサイズ、保全生物学が目安とする1,000個体を保持できていない隔離された集団であるとの予測が選出の理由となっている。この指定にあわせて環境庁は捕獲を抑制する政策をとり、その成果は見事に表れて今世紀に入る頃には各地でクマの分布域が拡大した。ところが人との軋轢（あつれき）が以前にもまして増加するようになったので、日本最大の猛獣を保護するという大きな困難に直面している。

急峻な地形条件の中で密度の低いクマを研究するのはいっそうの苦労と忍耐を必要とする。クマのマネジメントに必要な情報を得ることもむずかしい。それでもこつこつと蓄積されてきた日本のクマの生物学の基礎情報は、坪田敏男・山崎晃司（編著、2011）による『日本のクマ ── ヒグマとツキノワグマの生物学』にまとめられている。さらに、種子散布者としての役割に着目し、森とツキノワグマの生態的関係という実に興味深いテーマに果敢に取り組む小池伸介（2013）の『クマが樹に登ると ── クマからはじまる森のつながり』や、増加するツキノワグマと人間との軋轢について多くの事例とともに科学的視点から有効な対策を提案した山崎晃司（2017）の『ツキノワグマ ── すぐそこにいる野生動物』、さらには大都市札幌にまで出没するようになったヒグマについて科学的に原因を探り、対策の提案につなげる佐藤喜和（2021）の『アーバン・ベア ── となりのヒグマと向き合う』などの好著がある。

6.2　レッドリストの目標

レッドデータブックに掲載された生物種の一覧を「レッドリスト」という。その目的は、対象生物の絶滅の危機を社会にアピールして、絶滅回避に向けた改善の努力を要請することにある。それによって地域個体群の安定的な存続を担保し、このリストへの掲載を解除することこそ目指すところである。このことを忘れてはいけない。

現在、絶滅したと考えられている九州と危機的状況が改善されない四国をのぞけば、クマの分布は全国で拡大している。近代に消滅した各地の半島部でも、人口減少と相反するように目撃情報が増えている。さらに、利尻島のヒグマや、気仙沼湾大島のツキノワグマなど、クマが海を泳ぎ渡ることまで確認されるようになった。こうした状況の中、レッドリストに登録された個体群の「絶滅のおそれ」はどうなっているだろう。もし、絶滅の危険性が消えたなら、指定を解除して通常のマネジメントに切り替えることこそ妥当な選択である。

そもそも指定された理由は次の三つの要素による。近隣集団との個体の往来が途絶えて、小規模の孤立した集団になっている可能性があること。集団の増加率以上に捕獲圧がかかっている可能性があること。さらには、繁殖に欠かせない冬眠前の栄養供給を担保するに足る広葉樹林の面積を失っている可能性が高いことである。

状況の改善には、分布の連続性の回復が最も優先すべき事項である。なぜなら、たとえ環境条件が悪くてクマの生息密度が低くとも、あるいは、過度に捕獲される事態が起きたとしても、広く分布の連続性が確保されていれば、いつか新たな個体が入り込んで集団の消滅を回避できる。このことは、現在、各地で起きている分布の拡大が証明している。

レッドリストの指定解除は、生物学的な論点と社会学的な論点の両面から判断する必要がある。人々にとってはクマが猛獣であることに変わりはない。たとえ住民の数が減っても、捕獲がエスカレートする可能性はいつでもある。したがって、安全の確保を万全にしたうえで、情報を共有しながら地域住民と合意形成をはかっていくことが、猛獣クマのマネジメントの必須事項である。自治体にしてみると、レッドリスト個体群に指定されているからこそ、住民からの強い駆除要請に応えつつも慎重に捕獲を抑制することができるという側面もある。しかし、捕獲数のコントロールはクマをマネジメントしていくための基本であるので、指定の有無とは関係なく、クマの生息地域では標準化しておかなくてはならない。

こうしたことを実行していくには、科学に基づくマネジメントの専門機関の存在が不可欠だということは、北海道、兵庫県、島根県などの試験研究機関の実績を見れば明らかである。継続的にモニタリングを行い、データに基づいて将来を予測しながら、政策決定に反映させていく。このプロセスが機能していなければ猛獣が生き残っていくことはむずかしい。

6.3　クマの特徴

ところで、神でなかったとしてもクマは実に特殊な動物である。イヌやネコと同じ肉食動物の祖先から進化したにもかかわらず、植物食の強い雑食性を獲得して地域の動植物を都合よく利用する。食物の乏しい季節は冬眠してやりすごす。北極に近い地域なら半年以上も寝て過ごし、冬眠中は排便もせず老廃物をすべて再吸収するという、活動期とはまるで異なる生理メカニズムへの転換をやってのける。その見事な生理機能は、人を冬眠させて遠方に運べるのではないかと、宇宙での有人惑星探査に挑む研究者たちまでが関心をよせる。

外敵を避けられる安全な冬眠穴の中で数百グラムの小さな子供を出産して、穴から出るまでに授乳によって歩ける大きさに育てあげる（図 6.5）。そのため冬眠前に飽食して十分に皮下脂肪を蓄えておく必要がある。だから、忙しい飽食期の前の初夏に交尾期がセットされている。出産は 2 月頃に行われるので、精子と卵子が結合して誕生した胚は晩秋になってから子宮に着床する。この交尾からの数ヵ月間を、胚は発育を休止して子宮内を浮遊して待っている。この生理メカニズムは着床遅延と呼ばれるもので、もし母親が十分に栄養を蓄えられず出産の条件を満たせなかった場合は、着床しないことによって母子ともに危険な出産を避けていると考えられている。

ただし、こうした事態は集団の出生率の低下につながるので、たとえば堅果（けんか）類の結実変動といった主要食物の供給量が欠乏する事態が生じても、代替食物を供給することができる生息環境の存在が、クマにとっては重要な意味がある。劣悪な環境であるほど遠くまで食物を探しまわらなくてはならないし、栄養蓄

図 6.5　ツキノワグマが冬眠に使った樹洞（尾瀬国立公園）

積が不十分であれば出生率を下げるしかなくなる。こうした要因で集団の個体数は減少していく。自然界の食物供給の変動が動物個体群の密度を左右するという事実は、生態系の基本的なメカニズムと言えるのかもしれないが、とくに生息密度が低いクマという動物をマネジメントする場合には、それぞれの分布域の中の生息環境の質や量を踏まえて、人間による捕獲圧や土地利用をコントロールすることが要点となる。

北半球に広く分布するヒグマ（北米ではグリズリーとも呼ぶ）の中には体重が500kg を超えるものが普通にいるが、北海道のヒグマの体重は、オスが150～300kg、メスが100～200kg とやや小さい。ツキノワグマも大陸北部に生き残っている集団のほうが体は大きく、日本のツキノワグマは、オスが70～150kg、メスが50～100kg である。どちらも秋になると飽食して、皮下脂肪を蓄えていっそう重たくなるので、体重の年変動が大きい。ヒグマは草原、ツ

図 6.6　木陰に寝転んで授乳するヒグマ（北海道知床半島）

キノワグマは森林に適応してきたクマであり、ツキノワグマは器用に木に登るがヒグマは登らない。重くなれば樹に登れなくなるのだから、それぞれの進化の向いてきた方向が体の大きさに現れている。

両種とも、日本ではおよそ4歳で性成熟に達して繁殖に参加する。交尾期は5月～8月で冬眠中の1月下旬～2月上旬に、ヒグマで400g、ツキノワグマで300g程度の通常は2頭の子供を産んで授乳で育てる。生まれた子供の子別れはヒグマで2年半、ツキノワグマで1年半である（図6.6）。そのためヒグマのほうが集団の増加率は低いと考えられている。

北海道のヒグマは春に芽吹く時期から草本類をよく食べる。秋になるとシウリザクラ、ミヤママタタビ、サルナシ、ヤマブドウ、ミズキ、といった液果（ベリー類）、ミズナラの堅果（ドングリ類）、ハイマツの球果をよく利用する。また、北海道の渡島（おしま）半島に残ったブナ帯に生息するヒグマはブナの堅果をよく利用する。そして動物質としては大きな体に似合わず社会性昆虫であるアリ類やハチ類をよく食べる。シカは一年中利用されるが、草本類の芽吹きが少ない春先の利用が多い。これは春に死ぬシカが増えるせいだと考えられている。北米のヒグマはサケ科の魚類をよく利用するが、人為的に遡上（そじょう）が制限された北海

図 6.7　サケをとるヒグマ（北海道知床半島）

道のヒグマでは利用頻度が低い（図 6.7）。

ツキノワグマの食性も基本的には変わらない。その場所にある食物を都合良く利用している。草本類をよく食べ、社会性昆虫も利用する。とはいえ、森林性のクマらしく樹に登って木本の新芽や花芽、樹上の果実をよく利用する。とくに秋の飽食期になるとブナ科植物のブナ、ミズナラ、コナラ、クリなどの堅果（ドングリ）に執着して、木に登り、枝を折って実を食べた後に大きな鳥の巣のように見える「クマだな」と呼ばれる特徴的な痕跡を残す。

ただし、結実状況は、場所によっても年ごとにも違うので、通常の行動圏内の結実が悪いと食物を求めて大きく移動する。東北のブナ林に生息するツキノワグマがブナの堅果をよく利用するのに対して、人為的影響を強く受けた広い人工林と切り残された二次林で構成される、モザイク構造の森に生息する西日本のツキノワグマでは、利用する食物の構成や頻度が異なる。

それぞれの地域で得られる食物を柔軟に利用する広い雑食性と冬眠能力によって、この２種のクマは世界のさまざまな環境に適応してきた。ヒグマは北半球に分布を広げ、森林の減少によってアジアの各地に分散して生き残ったとはいえ、ツキノワグマも北はロシアの極東地域から南は熱帯のタイにまで現存しており、柔軟な適応力を証明している。

6.4　ヒグマの分布の変遷

北海道は東北 6 県に新潟県を合わせた以上の広さがある。その広さと冬の過酷な気象条件が長く人の活動を阻んできた。そのことがヒグマのような大型野生動物が生き残ってこられた理由だろう。

人間のことだが、オホーツク海を囲む地域には古くから多数の民族が生活していて、盛んに交流し、競合する文化圏があった。日本列島の南から弥生文化が渡来したとき、寒すぎて稲作に不適だったせいで北海道までは進出できなかった。当時は、アイヌ民族が北海道（蝦夷地）から本州北端にかけて広く分布して、漁撈、狩猟をして暮らしており、ヒグマを神として崇めつつ資源として利用していた。

渡島半島に和人が入り込んでアイヌと交易を始めたのは、ずっと先の 11 世紀の平安時代あたりのことである。さらに、17 世紀の江戸期になると家康に認められた松前藩の支配権が広がって、アイヌとの交易による独占的な藩運営をしていた。そして 18 世紀末になるとロシアの南下が懸念されたことや、不平等な日米和親条約によってアメリカに下田と函館を開港させられたことから、警戒心を強めた徳川幕府が間宮林蔵や伊能忠敬らに蝦夷地を探検させ、地理的情報を得て直轄領化した。

その後、明治維新と戊辰戦争を経て、廃藩置県によって全国に近代的行政機関が設置されたとき、蝦夷地は北海道と称されるようになり、全道を管轄する北海道庁が設置された。そして極寒の地を開拓する指導役として欧米人が雇用されたのだが､未開の地（フロンティア）北海道の近代的開拓を先導したのが、北米の西部開拓時代に原生自然（wilderness）を切り開き､先住民を「インディアン」と呼んで追い出したアメリカ人の思想であったことは、結果的にアイヌ民族を追い詰め、エゾオオカミの絶滅やヒグマの排除につながったと言えるかもしれない。

20 世紀に入ると全国から移住者がやってきて、北海道は本格的な開拓の時代に入った。明治初期に約 6 万人だった北海道の人口は 20 世紀初頭の大正時代に約 236 万人にまで増えた。このときの日本人の開拓によって先住民のアイヌは土地を奪われ、同化政策を強いられた。それは日清戦争後に、台湾、南樺太、朝鮮を領有し、ハワイや南米へと移民を送り出した時代の始まりの頃の出

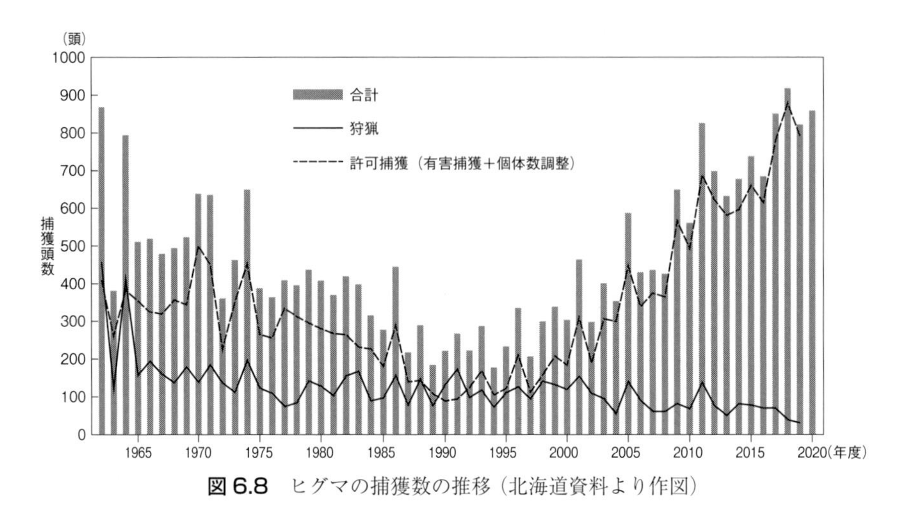

図 6.8　ヒグマの捕獲数の推移（北海道資料より作図）

来事である。しかし、北海道の環境の過酷さによって初期の開拓は雑にならざるをえず、荒廃地を生みながら長い時間をかけて農地や牧草地へと転換された。こうした変遷は俵浩三（2008）の『北海道 緑の環境史』に詳しい。

そしてヒグマは人間の開拓史とともに生息環境を奪われ、積極的な駆除の対象となった。日本最大の大型野生動物に対する恐怖と人身事故の悲惨さから、駆除には力が入った。戦後の 1963 年（昭和 38 年）から 1980 年（昭和 55 年）にかけて「ヒグマ捕獲奨励事業」が推進され、1966 年（昭和 41 年）から 1990 年（平成 2 年）までは、残雪期の春クマ駆除が積極的に実施された。図 6.8 は、ヒグマの捕獲数の推移を示したものだが、こうした政策の成果があがっていたことが読み取れる。

図 6.9 は、初めて自然環境保全基礎調査で作成された 1978 年のクマ類の分布図と、最新の 2018 年の分布図を比較したものであるが、北海道のヒグマは明らかに分布を拡大している。かつては全道の半分の地域でヒグマの分布が消失して、とくに積丹（しゃこたん）・恵庭地域と天塩・増毛地域では個体数の顕著な減少が疑われて、春クマ猟が禁止された経緯がある。

6.5　ヒグマのレッドリスト個体群

ヒグマについては、石狩西部個体群と、天塩・増毛地方個体群がレッドリス

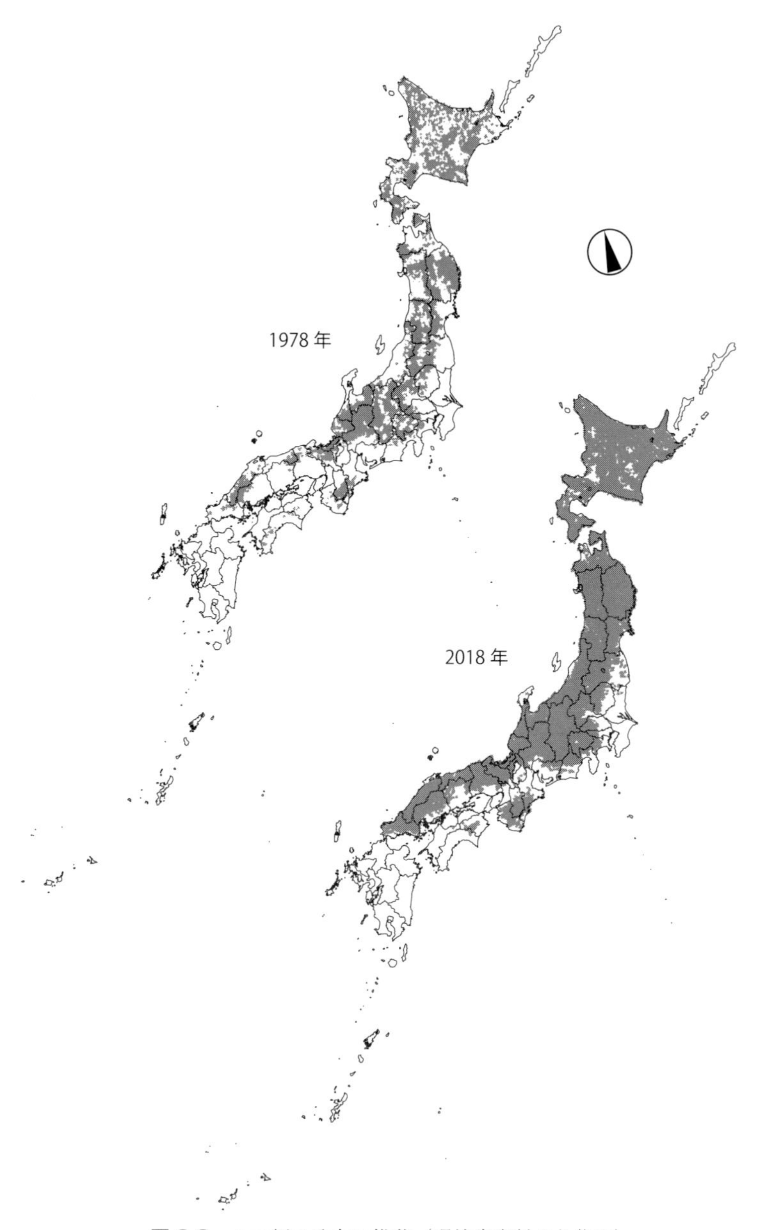

図 6.9 クマ類の分布の推移（環境省資料より作図）

トに記載されたのだが、北海道は先行して自然環境保全を重視する方針を打ち出し、1988年（昭和63年）に「北海道環境管理計画」を、翌1989年には「北海道自然環境保全指針」を策定して、野生動物の全体が生息環境とバランスがとれるような適正な保護管理をすすめていくために、野生動物保護管理システムの確立に努めると宣言した。そして1991年(平成3年)には､組織改編を行って「北海道環境科学研究センター」を設立し、野生動物の専門スタッフを配置して、自然環境部が科学的なヒグマのマネジメントを開始した。そして捕獲強化策を転換した平成以後の時代になると、ヒグマの分布は拡大に転じ、推定個体数も増加した。しかし､それによってヒグマと人間の軋轢が増加したために、ヒグマのマネジメントは新たな段階に入っている。

現在の課題は、ヒグマが人間の活動や人為的環境に馴れた結果、農村部にとどまらず、札幌のような都市部にまで出没するようになったことである。北海道は2000年（平成12年）に鳥獣法によらない任意の「渡島半島地域ヒグマ保護管理計画」を策定し､2013年（平成25年）には全道を対象にした任意の「北海道ヒグマ保護管理計画」を、さらに2017年（平成29年）には鳥獣法に基づく「北海道ヒグマ管理計画」を策定して、ヒグマの生息状況に合わせて柔軟に戦略を切り替えながらマネジメントを進めている。

一方、2005年（平成17年）に登録された知床世界自然遺産地域では、日本有数の自然環境ならではの、生態系を視野に入れたヒグマの保全が模索され、隣接する地域も含めた統一的なヒグマ対策を推進するために、2012年（平成24年）に「知床半島ヒグマ保護管理方針」を策定し、2017年（平成29年）からは「知床半島ヒグマ管理計画」として､北米の国立公園（ナショナルパーク）で実施されている思想や技術を取り入れた先進的な取り組みが続けられている。このことは観光資源としての価値を高め、全国の自然公園地域で問題化するクマ対策の有効なモデルとなっている（図6.10)。

北海道では、環境科学研究センターによる野生動物を保全するシステムが稼働していることで、科学的情報が蓄積され、道内の人口動態や産業動向を踏まえつつ、ヒグマのマネジメントが推進されている。このことを踏まえれば、二つのレッドリスト個体群は、いずれ科学的根拠に基づいてレッドリストの指定を解除する時が来るだろう。

図 6.10　ヒグマとエゾシカが共存する知床遺産地域

6.6　ツキノワグマの分布の変遷

図 6.9（p.133）に示したクマ類の分布のうち、本州以南のものがツキノワグマである。1978 年と最新の 2018 年の分布図の比較からわかるとおり、明らかに拡大の一途をたどってきた。しかし、それ以前の明治から昭和末期に至る 120 年間は、ツキノワグマにとっても受難の時代だった。その理由は自然林の減少と強い捕獲圧による。

6.3 節に紹介したように、日本のツキノワグマは子供を産む冬眠前の飽食期にブナやナラを主とする広葉樹林が生産する食物に依存する。近代以後の人口の増加する時代を通して人々が日常的に大量に自然林を消費していたこと、戦後にあっては拡大造林政策の下で全国的に針葉樹の一斉林が造成されたこと、それらはツキノワグマにとって必要な生息環境が減少の一途をたどってきたことを意味する。食物が得られない場所は主要な生息地にはなりえない。さらに、高度経済成長期の交通網の整備やさまざまな土木的開発もクマの行動を制限したに違いない。

もう一つの脅威は捕獲である。本来、生息密度も繁殖率も低い動物であるか

図 6.11　ツキノワグマの胸の白斑（月の輪）（神奈川県丹沢山地）遺伝子解析のための体毛を採取するヘア・トラップ調査時の自動撮影画像

ら、効率の良い捕獲方法が開発されれば、その影響は強く出る。銃が普及するよりも前は、胸の月の輪の白斑めがけて槍を突き刺して仕留めた（図 6.11）。あるいはクマの通り道に天板に重しを乗せた罠（わな）を仕掛けて、下をくぐるクマを圧死させて獲った。毛皮、肉、油、なにより胆のう（クマノイ、熊胆）が高価に取引されたことが命がけの狩猟を決行する動機になったとはいえ、そんな危険で効率の悪い方法は実にリスクが高かった。

銃が普及するとクマの捕獲の成功率が高まった。農地の周りに潜むクマを藪の中に忍んで近づいて撃ったり、冬眠中のクマを穴から追い出して仕留めたりするようになった。また、冬眠中は消化液である胆汁が貯まるので、雪の多い東北から北陸では、胆のうがもっとも大きくなる冬眠開けを狙って、残雪の残る春に集団で谷を囲い込んで巻き狩りを行った。そんな危険な場所でのクマの猟はマタギと呼ばれる狩猟集団が行ってきた。

さらに時代が進むと、新たに捕獲数を増やす理由が出現した。1960 年代末あたりから西日本でクマによる造林木の樹皮を剥ぐクマハギと呼ばれる林業被害（図 6.12）が目立つようになり、その対策としての鉄格子の箱罠駆除がエスカレートした。ツキノワグマはもともと針葉樹の樹皮を剥ぐ習性があるのだが、戦後の林業政策によって広大に人工造林地が生み出されると、被害が発生するようになった。そのため、とくに伝統的な林業地ほど奥山にたくさんの鉄格子の檻を設置して熱心に駆除を実施したものだから、クマ個体群に強い影響を及ぼした。

たとえば、地理的に閉鎖性の高い四国や紀伊半島の個体数を危機的な状況に追い詰めた。また、現在は回復しているものの南アルプスの静岡側の分布域を後退させた。現在、クマハギは東日本の東北地方にまで広がっている。その伝播の理由はわかっていないが、サルの加害行動の伝播と同じようにクマハギ文化の伝播とでもいえるような、人間の側の林業の盛衰と関係しているのかもし

図 6.12　クマハギ　ツキノワグマによる植林木の剥皮被害（栃木県）

れない。

6.7　大量出没と駆除

ところで、ツキノワグマの捕獲数は昔から年変動が大きい（図6.13）。その理由は、夏の後半から秋にかけて飽食する時期に、もっとも好むブナ科植物の堅果（ドングリ）の結実量が変動することによる。自分の行動圏内の結実量が乏しくなれば、クマは食物を求めて大きく移動する。そのことで里に実る果実や農作物を狙った出没が増え、対応する駆除の数も増加する。地域全体に結実状況が悪化すると、地域の新聞の一面に「クマの異常出没」と見出しが載るほどの大量出没現象が発生して、駆除数が増加する。

昭和のツキノワグマの捕獲数の特徴は、千頭前後で推移する狩猟数に、里への出没に対応する駆除数が大きな振れ幅で変動しながら加算された。1970年代から1980年代にかけてその合計値が2,500頭に近い年が増えた理由は、中部以西の林業地帯で実施された箱罠駆除の影響である。統計に表れない数値を考えれば、実質的には3,000頭に達する年もあったと推測される。捕獲数の増

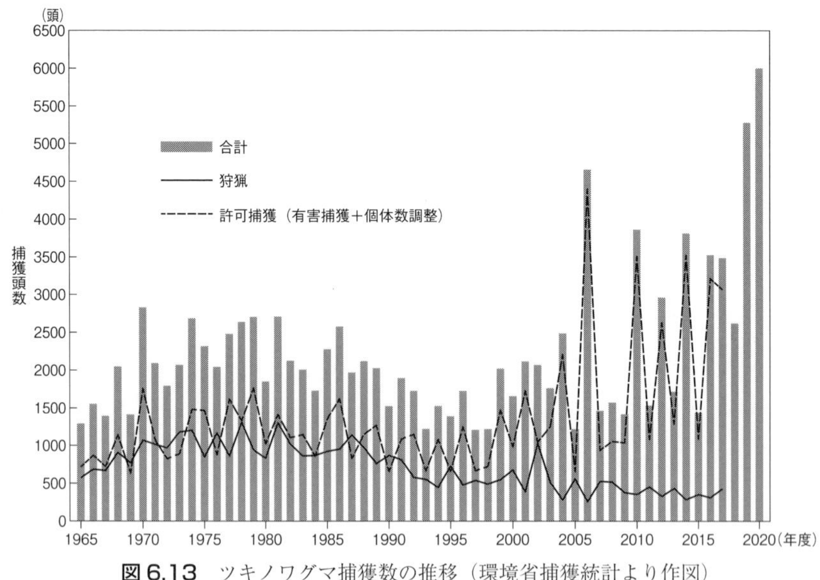

図6.13　ツキノワグマ捕獲数の推移（環境省捕獲統計より作図）

加によって分布の孤立の進む小規模な集団ほど危機につながった。

先の図 6.9（p.133）のうち 1978 年の分布は、各地の事情を背景に、生息環境の変化と捕獲の増加という二つの要因の複合作用の結果として読むことができる。そして、分布の孤立性の高い、下北半島、紀伊半島、四国山地、東中国地域、西中国地域という 5 ヵ所の地域個体群がレッドリストに記載された。環境庁は全国の自治体にクマの捕獲の抑制を要請し、とくにレッドリストの地域個体群を抱える自治体との調整に力を入れ、多くの自治体がこれに同調した。そして、大量出没時にやむをえず駆除数が増加したときには、次の猟期の捕獲数を抑えるという狩猟自粛のアイデアを猟友会が受け入れた。資源的価値の低い夏のクマの駆除数が増えて、価値の高い春の獲物が減ることを心配する狩猟者の意向とが合致したことによる。また、クマハギ対策の箱罠駆除も、林業の衰退とともにやめる自治体が増えた。

この 1990 年代の狩猟自粛に代表されるクマの保護策が効果を発揮したことは、2003 年に環境省の実施した分布調査によって明らかとなり、2018 年時点の調査結果によっても分布の拡大が続いていることがわかる。その理由は、他の大型野生動物と同じく、中山間地域の過疎が深まったことが根本にあるだろう。すなわち、半世紀ほどの期間のうちに、人が撤退して、人の利用していた空間が放置され、植物の繁茂する場所となり、しだいにクマの入り込む空間へと置き換わってきたことによる。たとえば植物の繁茂する河川敷を使えば、知らぬ間に市街地の中心にまで入り込んでしまう。

クマの分布拡大は単純には喜べない。猛獣というイメージのつきまとう動物だからこそ大騒動になり駆除につながっていく。いったん減少傾向を見せた捕獲数の合計値は 1990 年代末から徐々に増え、2006 年（平成 18 年）に急に 4500 頭に達した。その後は 1 ～ 2 年間隔で高い捕獲数が記録され、2020 年は大量出没によって 6000 頭を超えた。

図 6.13 に示した捕獲数の推移からわかるとおり、2000 年以後の捕獲の特徴は、狩猟による捕獲数の減少と許可捕獲数の圧倒的な増加にある。許可捕獲とは行政手続きに基づく捕獲行為の総称で、法律上で名称が変わった有害捕獲（駆除）と、2000 年から施行された特定計画制度に基づく個体数調整を含む。狩猟による捕獲数が減った理由は 1990 年代からの狩猟自粛策にもよるが、おそ

らく狩猟者の高齢化と減少による。急峻な山に入って危ないクマ猟にチャレンジする人が減ったということだろう。

初夏から秋にかけて頻繁にクマが出没する時期になると、関係者は、土日も関係なくクマの捕獲やパトロールに駆り出される。あるいは、シカやイノシシの捕獲要請が大量に増えているので、余力がなくなっている可能性もある。それらは高齢の狩猟者にはたいへんな作業である。猟期にクマを獲る意欲を失うのは当然と言えるだろう。

6.8　中国山地のレッドリスト個体群

中国山地のクマの分布域が東西に分断された理由は、他の大型動物が減った理由と同じだろう。出雲や瀬戸内を中心に古代から人の活動が活発で、早くから製鉄、製塩が盛んとなり、燃料として森林が燃やされ続けた結果、昭和の頃にはアカマツだらけの山になっていた。それがクマにとって好ましい環境であったはずがない。また、活発な人の活動の中で積極的に獲られていたはずだ。

西中国地域個体群については、島根県が1998年（平成10年）に中山間地域研究センターを開設し、過疎地の住民の悩みの筆頭課題である獣害に対して専門スタッフを充実させてきた。また、島根、広島、山口3県の関係機関及び行政機関で構成される「西中国山地ツキノワグマ保護管理対策協議会」が設置されて、鳥獣法に基づく特定計画の内容をすり合わせ、合同でクマのマネジメントが遂行されている。

一方、氷ノ山（ひょうのせん）（兵庫県養父（やぶ）市と鳥取県若桜（わかさ）町の県境にある）に分布の中心がある東中国地域個体群については（図6.14）、兵庫県が2007年（平成19年）に森林動物研究センターを開設して、科学的な野生動物のマネジメントを展開してきた。このことは県北部でシカやイノシシの被害が著しく増え、ツキノワグマの出没問題も増加したことがきっかけだが、本センターの活動は近隣自治体をリードしている。

レッドリスト個体群とはいえクマと人の軋轢が増加していく中で、二つの個体群に関係する自治体は、熱心な生け捕り放獣の努力によって捕獲数を抑制してきた。それを可能にしたのは、クマを眠らせて安全に移動させる技術を持つスタッフを確保し、それをサポートする民間団体が存在したことによる。

図 6.14　ツキノワグマ（兵庫県氷ノ山）

現在、中国山地東西の個体の往来が回復しつつある。さらに東中国地域個体群から東へ、京都府北部、滋賀県、福井県へとつながる個体の往来も回復しつつある。中国山地には、古くから人の手が入り、森林、農地、居住地の細かいモザイク構造の環境となっているため、棲み分けるということがむずかしい。この地の野生動物が激減した理由がわかるというものだ。

今後、人口が減少しても、人の撤退は野生動物の進出を意味するので、新たな生活拠点に暮らす人々との間に問題が発生することは避けられない。だからこそ既存の機関を核として、人間と野生動物の軋轢を適切にマネジメントし続けることは必須である。それが可能であるかぎり、レッドリストの指定を解除して通常のマネジメントに切り替えても問題はないはずだ。

6.9　閉鎖性の高い半島部のレッドリスト個体群

斧の形に似た下北半島の、先端の刃にあたる森にツキノワグマがしぶとく生き残ってきた。本州各地の半島で分布が消えていたことを考えれば奇跡でもある。冬の厳しい環境のせいで開発が遅れたとか、恐山（おそれざん）を崇（あが）めて生きる人々の宗教観によるとか、古くからこの地に定着したマタギ集団が持続的狩猟を心掛けてきたとか、生き残った理由をあれこれ想像するが確かな根拠はない。斧の柄にあたる海に挟まれた細い低地帯に原発関連施設が集中して作られた頃には、半島の先のツキノワグマは孤立集団となっていた。それから半世紀を経て再び低地帯にツキノワグマが出没するようになり、八甲田山麓との間で個体が往来している可能性がでてきた。このまま往来が途切れなければ孤立は回避されるだろう。

動物地理学でブラキストン線（図 1.1、p.16）と呼ばれる津軽海峡に突き出した下北半島は、ニホンザル、カモシカ、ツキノワグマといった本州の動物相の北限の地である。その理由で、種として特別天然記念物に指定されているカモシカのほかに、この地のニホンザルが天然記念物に地域指定されている。人の入り込みを制限する地理的な閉鎖性があるからこそ残ってきたこの半島の自然を、まるごとサンクチュアリにしてはどうだろう。

生態系の視点でも、本州北限の生物多様性を保全することには意味がある。豊かな漁場をひかえた活発な水産業もあり、恐山を核とするスピリチュアルな空間もある、この地の特徴を踏まえれば観光資源としての価値は十分である。世界遺産の白神山地や、国の特別史跡であり、2021 年に「北海道・北東北の縄文遺跡群」として世界遺産登録が決まった三内丸山遺跡にもひけをとらない、青森県のもう一つの目玉となるだろう。そのためには人の暮らしも含めて生態系を丸ごとマネジメントしていく研究機関を置くことだ。そうすることで間違いなくツキノワグマの生存は保障され、被害の問題にも対処できる。

紀伊半島は下北半島よりかなり広いが地理的な閉鎖性は高い。ここに生息するツキノワグマ個体群の生息実態もよくわかっていない。奥深く急峻な山岳地帯が調査を困難にしている。10,000 km^2 以上の森林面積（人工林 61%）が人の活動を阻んできたことを考えると、野放図な箱罠駆除や密猟を阻止できれば、地域個体群の生存は保障されるだろう。もしも岐阜県の山から鈴鹿山脈を経て個体の流入が自然に回復していったなら、個体群の生存確率はさらに高まる。

古くから人の活動が目立ったのは奈良盆地より北のことで、紀伊半島のほとんどの範囲は閉鎖性が高い。人々の往来や生活拠点は海岸沿いと紀ノ川のような河川に沿って築かれてきた。奥深い山は修験者など山人の世界であり、死後の世界に近いとされてきたが、空海の活躍によって信仰の場として拓かれた。さらに古くから優良な木材を供給し続けている伝統的な林業地帯でもある。山の暮らしを営む人々が日常的に狩猟を行ってきたことは間違いないが、1970年代にクマハギ対策として箱罠駆除が積極的に展開されたことが、クマの減少につながった可能性がある。

海岸から2,000 m近くも標高差のある複雑な地形の中に照葉樹林から奥地の落葉広葉樹林、そして整然としたスギの人工林まで、この地の自然には植生の重層的な魅力が見出せる。その地理的な閉鎖性を活かして、森林管理のためにも伝統林業を活性化して、生態系の視点で動植物のサンクチュアリとしての質を高めたなら、エコツーリングの対象にしていくことは可能だろう。しかも紀伊の自然には、国際的に知られる天才博物学者の南方熊楠（みなかたくまぐす）が愛した森というプレミアが付いている。すでに「紀伊山地の霊場と参詣道」は世界遺産に指定されており、京都、奈良、伊勢神宮といった観光拠点とつながるスピリチュアルな価値が評価されている。おまけに豊かな漁場を踏まえた水産業もある。

古来の文化的価値や自然の価値の掘り起こしは、国外からの観光客のほうが目ざといものだ。当然、紀伊半島にも生態系の全体をマネジメントする拠点として研究機関を設置すれば、その延長で、この地のツキノワグマの生存を保障することができる。

6.10　危機にある四国山地個体群

四国山地個体群については、NPO法人四国自然史科学研究センターが地道な調査活動を続けてきた結果、数十頭は生息していることが確認されている。しかし、その危機的状況は深刻なものだ。四国全体で14,000 km^{2}もの森林面積（人工林61%）がありながら、クマの生息情報はいまだに東部の剣山周辺でしか確認されていない。このことは海に囲まれた閉鎖系であるために外からの個体の流入が遮られていることが原因で、こうした閉鎖系でクマのような繁殖率の低い大型動物の個体数が減ってしまうと、その回復はきわめてむずかしくなるという、まるで生態学の教科書に出てきそうな事態におちいっている。九州のクマが回復しなかった理由も同じである。

四国山地は険しい地形であり、修験者の行き交う山岳信仰の場としての歴史も古い。伝統的な林業地帯でもある。森林とともに生きる人々の生活の中で狩猟は日常的なことであったろう。ツキノワグマ個体群をここまで追い込んだ原因が何であったのかは定かでないが、1970年代以降にクマハギ対策として実施された箱罠駆除が強い影響を与えたことは間違いない。シカやイノシシを獲るためのくくり罠猟が盛んなことも、誤ってクマを獲ってしまう原因となった可能性もある。

この先の回復のためには、四国山地の生態系の保全を視野に入れ、そのマネジメントの拠点を生み出すことが必須である。このことはシカによる森林への影響を避けるためにも欠かせない。そして、マネジメントの拠点を支えるには、下北半島や紀伊半島で提案したように生態系を資源とする観光産業が必要ではなかろうか。四国の自然の魅力を最大限に引き出して、そこから生み出される生態系サービスという恩恵を軸に価値を高めることが一つの活路になるだろう。

ご承知のとおり、四国は瀬戸内側と太平洋側では地理的条件が異なり、それぞれに自然と人の生活による独特の風土が生み出されてきた。歴史的には、空海生誕の地、修行の地としての影響は色濃く、お遍路さんの四国八十八箇所めぐりの風習はいまだに全国の人々に愛されている。この得がたい特徴とそこに息づく人々の心とともに、四国山地の生態系を健全な状態に保ち、国の内外から人を呼び込むことで地域を活性化できたなら、それがクマ個体群を回復させる基盤となる。

6.11　危機的個体群の再生

ところで、数十頭になってしまった四国山地や、ほんの80年ほど前に絶滅した九州のように、海に囲まれた閉鎖個体群の回復を考えるとき、技術的にはヨーロッパのピレネーやアルプスで取り組まれているヒグマ個体群の回復活動が参考になる。それは他地域からの個体の移入である。人口がどんどん減っていったとき、もしツキノワグマ個体群が暮らしていけるだけの、十分な食物を供給する広葉樹の森を整備することができたなら、本州で毎年のように数千頭も捕獲されている個体のうち、百頭ほどを四国や九州に導入すれば個体群は回復するだろう。

あるいは、まったく勝手な妄想だが、イノシシが平然と瀬戸内海を泳ぎ渡り、ツキノワグマが気仙沼湾を泳ぐ実態からすると、百年先には本州から四国や九州へと、クマが勝手に泳ぎ渡っているかもしれない。もちろん、十分な広葉樹の森が再生していなければ個体群の回復はありえない。その整備には50年、100年という時間がかかるものだが、考える時間はたっぷりある。これはトキやコウノトリの回復事業と同じことだ。

そこまで大胆な選択は住民に納得して受け入れていただくことが前提である。当然、猛獣クマによる人身事故が起きないこと、農林被害が起きないことが条件である。また、クマを持ち込むことに何のメリットがあるかと問われるだろう。それこそが生物多様性保全の基本的な命題である。それに答えを出すのはAIではない。その時代を生きる人々の、自然に対する理解と哲学の持ちようによる。だからこそ未来を背負っていく現在の子供たちに引き継いで、考えてもらわなくてはならない。

第Ⅱ部

パラダイムシフト

第７章
時代に呼応する鳥獣法

7.1　資源管理の思想の転換

千年にわたって仏教による殺生禁断の思想が影響したとはいえ、近世までは、わが国独自の資源管理の思想が根を張っていた。生きていくために有用な資源を絶やさないよう配慮していたことは、現代のSDGsの思想に通じている。ところが明治から昭和末期にかけて、近代と呼ぶにふさわしい120年の間、この資源管理の思想は片隅に追いやられていた。

近代化を推進する明治政府の富国強兵と殖産興業政策によって、森林伐採や農地開拓が進み、環境は急速に改変され、人口は増加し、害獣は駆除された。狩猟は市場経済の理屈によって暴走し、猟師たちは乱獲に走りながら、獲物の枯渇を避けてきた伝統的信条との間で自己矛盾に悩んだに違いない。やがて自然破壊を批判する学者や自然保護の思想家が登場して、なんとか野生動物の絶滅を防いできた。そして、高度経済成長期が始まる1960年代以降はさらに近代化が進み、衛生的な家畜の食肉流通システムが整備され、合成繊維も普及したので、もはや狩猟の現場に個人的執着以上の資源管理の思想など必要なくなり、社会の認知からも遠いものとなった。

次の転機は、1992年（平成4年）に生物多様性条約が誕生して日本も批准した時である。ちょうど昭和から平成への移行期と合致する。その後は、生物多様性保全こそが自然環境を護る理由の筆頭となった。それは資源管理の思想の復活でもある。ただし、今回は単なる獲物の存続ではない。人類に幸福をもたらす可能性のある遺伝子資源を枯渇させないという理由に基づいて、遺伝子の多様性、種の多様性、生態系の多様性の持続という、自然の全体を対象にしている点で、かつての資源管理の思想とは区別される。

当然、野生動物も生物多様性の一員であり、有用な資源として存続の対象であることに変わりはない。ところが、たとえばシカが増えて食圧が高まることで、生物多様性を抱える植物群落に強い影響を与えるようになり、場合によっては、森林を破壊してしまうほどの事態が生じるようになったので、生物多様性という資源を枯渇させないためにシカの個体数を減らすという選択をせまられることになった。

7.2　保全とマネジメントの理解の転換

もう一つ、日本の社会に見られる変化は、「自然保護」から「自然環境保全」への転換にあるだろう。いずれも英語の nature conservation を意味するものだから、特に専門性が求められないかぎり、それらの日本語は好みで使われている。強いて言えば、前者が人文社会科学の思想や哲学の分野で、後者が自然科学の分野でよく使われている。実は、この用語の使用にも時代の変化が読み取れる。すなわち、近代まで思想として議論されてきた自然保護に、ようやく自然科学がサポートに入れるほどに追いついてきたということだ。

もう一つ、長く混乱の元となってきた wildlife management という言葉がある。これは野生動物の保全（conservation）の具体的な技術や方法の分野を表しているのだが、以前はその適切な日本語訳がなかった。そもそも management は経営学用語であるのだが、この分野でも、最近まで正しく理解されないまま「管理」と訳されて一般化していた。そのため、自然を管理するとか、野生動物を管理すると受け止めた自然保護団体からおおいに反発を受けた。そして、概念が不明瞭な「保護管理」という言葉が用いられてきた。いま思えば過渡期の宿命と言えるだろう。

現在の経営学では「マネジメント」というカタカナ表記が一般に用いられるようになった。マネジメントとは全体をより良い方向に持っていく行為の全体を意味しており、管理（control）はあくまでマネジメントの一手段として、特定の対象を制御することを意味する言葉である。そんな理解が浸透して両者の区別が明確になった。環境省のウェブページを覗いてみれば、すでに「環境マネジメント」という用語が普通に使われている。

自然保護の分野でも、生物多様性保全の時代だからこそ、この言葉の使い分けを意識することが重要である。というのは、野生動物のマネジメントの目指すところは、対象とする自然の全体、生態系を含めた生物多様性の全体を持続させることにあり、「マネジメント」の手段の一つとして、たとえば、ある地域のシカの密度を「管理」するといった、すっきりとした説明を必要とする場面が増えたことによる。そして、マネジメントによって改善すべき事柄の中に人間も入っているということを理解してかかることも重要な点である。

7.3　鳥獣法への二つの問い

日本では、狩猟の制御こそが資源としての野生動物を保護する重要な手段となってきた。そして、保護区のような地域指定においても、狩猟行為や環境破壊につながる人間活動を制御することによって、保護増殖につながると考えられてきた。

狩猟の対象になりうる鳥類と哺乳類をひとくくりにして「鳥獣」という。獲物としての鳥獣の存続、農林業への益性の確保、その害性の抑止、そして今世紀になると生物多様性保全を前面にだして、捕獲という行為の制御（管理：control）を主な手段として積み上げてきた法律が鳥獣法である。この法律は、明治初頭に成立して以来、時代の要請に応じて「狩猟」、「保護」、「保護管理」とテーマを変え、あわせて名称も切り替えられてきた。そうした経緯があるので、本書では包括的に「鳥獣法」と呼んでいる。

この鳥獣法こそが野生鳥獣のマネジメントを一手に引き受けていると言いたいところだが、生物多様性保全の時代にうまく機能しているわけではない。加えて、社会情勢がさまざまに変化するので、法の目的が果たせなくなっている。そのことからも鳥獣法は根本から見直す時機に来ている。とはいえ、一国の法律の改正には十分な議論と手続きの時間がかかるので、せめて2030年のSDGs目標年には、試行を重ねた改定版が現場で稼働していることを目指して、今から議論を始めても早すぎることはないだろう。

21世紀を生きる私たちは、人口減少社会に突入した現代を冷静に評価する必要がある。野生動物と向き合ってきた中山間地域では半世紀も前から過疎という形で人口減少が先行して、今では野生動物に対峙する生活技術まで消えようとしている。もはや、昭和ではない。そのことを正しく理解して考え直さないといけない。そこには大きく分けて二つの問いが立つ。

一つは、捕獲という行為をこの先の社会はどう位置づけるのかということである。全国的な人口減少によって、狩猟免許の取得者も減少の一途をたどり、この先も増加する可能性を見出せない。この現実を前に、野生動物の捕獲はなんのためにやるのかという問いから始める必要がある。そのうえで、それを誰がやるのかということまで考えなくてはならない。

二つ目は、人口減少に伴う土地利用の変化を冷静に受け止めたとき、野生動物の引き起こす問題にどのように対処していくのかという方法論に関する問いである。すでに捕獲だけでは片づかなくなっている現実を踏まえる必要がある。

7.4　人口減少時代の鳥獣法

かつて1895年（明治28年）に鳥獣法が「狩猟法」として制定された頃、里に近い場所は見渡す限りはげ山だった。そんな場所は生息環境の質が悪く、おまけに人々は獲物を獲ることに熱心だったから、大型動物はあまり寄りつかなかっただろう。そして戦後になると、はげ山には植林が進み、針葉樹の一斉林が広大に造成された。さらに高度経済成長の下で奥山までが乱暴に大規模に開発された。そんな時代を背景にして、1963年（昭和38年）に保護と害獣対策を主要テーマとする「鳥獣保護法（鳥獣保護及狩猟ニ関スル法律）」へと切り替わった。そして半世紀を経て、過疎に始まった人口減少が顕著になると、農林業の衰退によって放置された森林や農地に野生動物が入り込み、問題は広がる一方となった。そこで2014年（平成26年）に慌てて捕獲強化を前面に出した「鳥獣保護管理法（鳥獣の保護及び管理並びに狩猟の適正化に関する法律）」に切り替えられた。それでも野生動物たちが引き起こす問題を抑え込めないでいる。

野生動物の分布拡大は、人の撤退に素直に反応しているにすぎない。そのことが正しく理解されたなら、鳥獣法だけで問題を解決することは無理だということもわかっていただけるだろう。この法律が単独で切れるカードは捕獲の制御しかない。そのため分布拡大を誘発する土地利用をコントロールするためには、それを管轄するいくつもの別の法律によってカードを切らなくてはならない。その連携がまるでできていない。

すでに進行中であるのだが、先にあげた二つの問いに回答を見つけられなければ、野生動物の被害のリスクが社会に蔓延してしまう。だから、人々のコミュニティへの野生動物の侵入を予防するためのインフラを、安定した形でセットしておくことを考えなくてはならない。人口減少時代とは政策の実行体制も財政も逼迫していくものだから、相対的にコストパフォーマンスの良い方法を選択するべきではあるが、安上がりに問題が片づくとは考えないほうがよい。猟師が裏山で勝手に問題を片づけてくれていた時代は、とうの昔に終わっている。

鳥獣法は捕獲行為を扱う法律であるからこそ、この先も野生動物のマネジメントの基軸となる法律である。しかし、駆除の許可を出していれば問題が片づくというような幻想は早く捨てることだ。生物多様性保全の時代だからこそ、人間生活も含めて地域の生態系の全体を視野に入れ、人々の暮らしや産業に寄り添い、その反映として出現する野生動物の動向にも柔軟に対処していける社会の仕組みへと転換する必要がある。

7.5　鳥獣法の原点

法制度が時代の必要に応じて姿を変えるのは自然なことである。詳細な文献資料を掘り起こして法制度史を研究した小柳泰治は、日本の狩猟に関する法令の根本思想は、近代を境に「殺生禁断」から「殺生解禁」へと転換したとの整理をしている。ここからは、この小柳の整理を参考にしながら鳥獣法の現在を読み解いていく。

記録上、わが国の狩猟法制の起点は、『日本書紀』に記載のある天武天皇による675年の「庚寅詔」であり、それはこの頃に伝来した仏教の影響によるとされている。そこから江戸末期までの1,200年もの間は「殺生禁断」の思想が狩猟法制の基調となった。狩猟の規則が殺生禁断の思想に基づいて作られた事例は他国にはないという。とはいえ、昔の日本人は殺生をしていなかったという想像は容易に裏切られる。為政者がたびたび殺生禁断の令を出していた事実は、千年をかけて一つの国へと政治的にまとまっていく過程で、武力闘争が日常的に発生していたことや、災害、疫病、飢饉によって死や殺生が身近にあったことの裏返しとして理解される。

さらに、為政者による殺生禁断政策の裏には、食料、薬、皮などを得る貴重な資源であった野生動物を枯渇させない意図が働いていたとも考えられる。そこに厳格な殺生禁断社会があったというよりも、あくまで実利的な本意と並列して法制度の理想がかかげられていたと理解するべきだろう。こういうダブルスタンダードあるいは二枚舌的なふるまいは、「神仏習合」に代表される日本の文化の基調であるかもしれない。そして、明治近代化の始まりとともに合理性をまとった近代法の時代に移行したとき、殺生禁断の思想はその任を解かれた。それは1873年（明治6年）に作られた「鳥獣猟規則」に始まるのだが、明治政府が「神仏分離・廃仏毀釈」に走った頃と合致する。

明治維新を達成した新政権は、欧米の法制度を模倣しながら手探りで近代法制度を作っていったのだが、1889年（明治22年）に大日本帝国憲法が公布されると、1895年（明治28年）には鳥獣猟規則も「狩猟法」に生まれ変わった。そして、何度も改定を重ねながら現代の鳥獣法へと引き継がれ、いまでは先進国のどの国も狩猟法に採用していない「無主物規定」と、狩猟の世界で「乱場（らんば）制」と通称される、狩猟の場所を特定しない、日本独自の制度を生みだして現在に至っている。

この世に誕生した狩猟法理には二つの流れがある。東ローマ帝国皇帝のユスティニアスが534年に作り上げた「ローマ法大全」に見出すことのできる「無主物先占」の思想と、同時期にローマから独立したゲルマン民族が生み出した「ゲルマン部族法典」に見出すことのできる「狩猟権」の思想である。前者は、獲物は誰の所有物でもない無主物であって、取得したときに初めて所有権が発生するという考え方。後者は、捕獲された獲物は先占者（先に占有した者）のものではなく、土地の所有者、あるいは国家他の狩猟権者の所有物であるとする考え方である。

そして法制度は、それぞれの国の政治情勢の歴史的な変遷によってさまざまに改定され、現在では、どの国も野生動物を無主物とすることを廃止している。そこにはその国なりの歴史的背景があるのだが、日本は先進国で唯一、狩猟法に無主物規定を用いる国として残っている。ほかにはモロッコとリトアニアだけが採用しているという。

7.6　明治期に作られた鳥獣法の骨格

明治政府が近代鳥獣法の起点となる「鳥獣猟規則」を作り上げたのは 1873 年（明治 6 年）のことだった。戊辰戦争に勝利して維新を達成した新政権が廃藩置県を行ったのが 1871 年（明治 4 年）。武士身分だった者たちの不満が溜まり、政権内部では権力闘争が露呈していた。岩倉使節団が洋行している間に改革を断行した留守政府の西郷隆盛ら要職者たちが、征韓論をきかっけに辞職する政変が起きたのが 1873 年（明治 6 年）である。それに触発されて各地で旧藩士らによる士族の反乱が起きて、1877 年（明治 10 年）の最大規模の西南戦争をもって終息した。こうした国家の主導権争いが続く戦乱の世にあって、鉄砲の管理は重要事項であったに違いない。

鳥獣猟規則の誕生には別の意図も働いていた。時の大蔵省は、毛皮需要で活発になった狩猟に目をつけて、銃猟鑑札制度を設けて税を徴収することを考えた。その徴税の仕組みとして、目的に応じて狩猟を「職猟」と「遊猟」に区分した（鳥獣猟規則第一条）。職猟とは「鳥獣ヲ猟シ以テ生活トスル」こと、遊猟とは「遊楽ノタメニスル」こととした。この時代に遊楽のために狩猟をする者は富裕層であったので、遊猟のほうに高い税金をかけて、一方の職猟者を保護した。

ちなみに当時の世界の狩猟制度に職猟という概念は存在せず、あくまで大蔵省の税徴収を目的とした日本独自の制度であった。また、有害鳥獣駆除は狩猟と分けて、地方官の便宜により臨時の免許を与えるものとした（第二条）。ここから狩猟と駆除は法制度上で区分されて現在に至る。ところで、この時点で狩猟をする場所についての議論は十分にされず、銃猟をしてはいけない場所を指定するにとどまった（第十条）。これが後の乱場制へとつながっていく。こうして法制度が整備されていく一方で、現場では市場原理が働いて鳥獣の乱獲が広がった。

その後も鳥獣猟規則は何度も改定されている。たとえば不平等条約のせいで、外国人が日本国内で実施する狩猟に鳥獣猟規則が適用できないことに関する改定もあれば、1881 年（明治 14 年）に内務省から農商務省に所管が移った後に、「鳥獣ノ有効ナルモノヲ保護シ其有益ナルモノノ繁殖ヲ諮リ有害ナルモノヲ駆除スルハ農務上ノ要点」として、1883 年（明治 16 年）に鳥獣調査が実施され、ローマ法無主物規定に基づく職猟者の自由狩猟からゲルマン法に基づく狩猟権・猟区制へと、狩猟をする場所を指定する法改正の提案がされたりもした。これは多数の職猟者が生計を失うとの理由で否決されている。

1889年（明治22年）に大日本帝国憲法が発布されると、後の1892年（明治25年）に「狩猟規則」が作られた。そのとき狩猟による土地への立ち入りに関する事項は憲法違反であるとの議論が起きて、1895年（明治28年）に「狩猟法」が制定された。その際、ローマ法を受け継いで明治民法が編纂されていたために、それを狩猟に適用するか否かが議論となり、続く1901年（明治34年）の狩猟法改定時に、ローマ法無主物先占に基づいて生業を保護することを目的とした自由狩猟制、すなわち獲った者に所有権があるとして、地権者の所有権を認めない自由狩猟を受け入れた乱場制（通称）が明確に導入されたのである。また、鳥獣の繁殖は禁猟区域などを指定することによって担保することとなった。

ちなみに1895年の「狩猟法」制定時に、徴税のために区分された免状の、職猟、遊猟は、一等、二等、三等という名称へと切り替わり、種類も甲種、乙種となるなど、100年を越えて現在に続く日本の鳥獣法の骨格が生み出された。議論の背景には、1894年（明治27年）に日清戦争が勃発したせいで、軍服などに使う毛皮の戦時需要が高まったことがある。だからこそ「狩猟法」の議論には、捕獲がエスカレートする社会風潮を抑止せんとする資源管理の意思が強く現れている。

次に「狩猟法」が全面改定されたのは1918年（大正7年）のことになるが、すでに鳥獣の減少は著しく、自由狩猟（乱場制）を残したまま狩猟の場所を特定する猟区制度が導入された。これはドイツなどに見られる狩猟を制御する猟区の概念とは異質なもので、小柳泰治は「鳥獣保護のポーズをとっただけの奇怪な制度」と評している。一方、当時は大正デモクラシーの時代であり、西洋の影響を受けた自由主義的風潮が盛んになっていた。学問の場としての大学の研究活動も盛んとなり、狩猟法が目指した資源保護に自然保護の思想が取り込まれたと見てよいだろう。

この時代をもう少し探ってみるなら、明治後半の資本主義的開発志向の下で文化財の破壊が目立ったことを受けて、1919年（大正8年）に、現在の文化財保護法の前身である「史蹟名勝天然紀念物保存法」が制定されている。そして資源的価値が高かったせいで各地で獲りつくされ、幻の獣と言われるほどに減っていたカモシカが、1934年（昭和9年）に天然記念物に指定されている。そのほかにも1931年（昭和6年）には国立公園法が制定され、第3章（3.10節、p.76）にもあるように、明治末期に始まった尾瀬の電力開発構想に反対して平野長蔵（ひらのちょうぞう）が始めた自然保護運動に、自然を愛好する学者らが多数参加するという現象も起きている。時代順に出来事を並べていくと、狩猟法から鳥獣保護法へと転換されていった思想の源流を見出すことができる。

7.7　鳥獣保護法への転換

1931年（昭和6年）の満州事変から太平洋戦争の終結まで、後に「十五年戦争」と呼ばれる期間の戦時統制経済下にあった社会には、自然保護に配慮する余裕はなかった。次の狩猟法改定は戦後まで待たなくてはならなかった。

終戦直後の困窮と食糧難の中で日本各地の山間部で野生動物が乱獲されたことは、推測にすぎないとはいえ疑う余地はない。また、一時は40万人以上も駐留していた連合国進駐軍兵士（約75％がアメリカ軍、残りがイギリス連邦諸国軍）がレクリエーションとしてハンティングを行ったので、荒れた草地に出てくるシカが減った。まだ進駐軍が滞在していた1950年（昭和25年）に狩猟法が改定され、殺傷能力のある空気銃が登録制となり、狩猟鳥獣の捕獲の禁止などの権限が都道府県知事に委譲された。また、鳥獣保護区制度が創設された。

狩猟法の名称に保護の文字が登場する「鳥獣保護法（鳥獣保護及狩猟ニ関スル法律）」へと本格的に転換されたのは、すでに高度経済成長期に入った1963年（昭和38年）のことだった。生活に余裕ができ、欧米文化が流入し、自然保護にも再び関心が集まるようになった。鳥獣法の目的に「積極的な保護繁殖をはかるための施策を講ずる必要」が書き込まれ、鳥獣保護事業計画制度、鳥獣保護審議会制度が作られて、現在の鳥獣行政の枠組みが誕生した。

そして1971年（昭和46年）に環境庁（現「環境省」）が設置されると、鳥獣行政が林野庁から移管された。時代の特徴は「開発と経済成長」である。終戦直後に7,000万人だった人口が20世紀末には12,700万人に達したのだから、消費者がひたすら増え続ける大量消費の時代である。それは工業化で牽引され、農村部の労働力が都市部へと吸収されて第一次産業の衰退につながった。そもそも 1960 年代は工場から野放図に化学物質が排出されて公害が深刻な社会問題となっていた。それが環境庁設置のきっかけである。

さらに、交通網の整備によって平野部ではスプロール的に都市が拡大し、奥山では大規模な開発がもてはやされた。一方、欧米の自然保護思想も持ち込まれたので、開発志向に対抗するように反対運動が盛んになった。そして、野生動物の扱いにも変化が生まれた。もはや野生動物の肉や毛皮を消費する社会ではなくなり、生業としての狩猟から趣味の狩猟へと比重が移っていった。かつての言葉を借りれば、狩猟全体の職猟から遊猟への転換である。ただし、害獣駆除は引き続き地域社会の欠かせない位置にあったから、鳥獣法に保護の文字が入ったからといって法の基本思想が変わったわけではない。捕獲という行為を制御（コントロール）しつつ保護（資源の維持）と被害防除の両面に対処するという構図である。

具体的には、趣味に傾いた狩猟行為の規制がいっそう明確となり、期間、捕獲方法、対象鳥獣の制限、鳥獣保護区、休猟区、銃猟禁止区域などの狩猟行為を制限する場所が指定された。この時点で、法律上の狩猟という言葉は限定的な用語となった。一方、駆除については許認可手続きこそ明確になったものの、狩猟に設けられた各種の制約が適用されたわけではない。人にとって危険な禁止猟法は別にして、被害があるかぎり、保護区内だろうが、駆除は、一年中、可能なものとして現在に引き継がれている。

ところで第 I 部で紹介したように、野生動物の研究が活発になって生態学的情報が蓄積される 1970 年代末までは、猟師こそが唯一の野生動物の専門家であったから、地域指定や猟期の狩猟の対象鳥獣などは、ほぼ猟師の経験則で決められていた。それは大雑把とはいえ、自らの山の獲物は絶やさないとの意思が働いていたという意味で、持続可能な資源管理の本質をおさえている。捕獲がエスカレートして問題になるのは、あくまで資本主義的な換金性が高まる時のことである。

ときどき誤解されるのだが、自然保護論者と獲物の存続を求める猟師が対立するのはおかしなことだ。自然保護論者が対峙する相手は、希少性が高まるほど換金性の高まる動物を欲しがる業者や、強く駆除を要請する第一次産業の側であり、それを支持する地域社会の方である。猟師は地域の相互扶助精神に応えて駆除を遂行してきたにすぎない。そのことは現在でも変わらない。そして、地域社会の意思を否定したところに自然保護は成り立たない。そのことに気づくには、もう少し時間が必要だった。

7.8　科学に基づくマネジメントへの転換

1999年（平成11年）の法改正で、鳥獣保護法に特定鳥獣保護管理計画制度（以下、特定計画制度）が設けられた。日本では、ここから野生動物の科学的マネジメントが始まった。

ようやくここにたどりついた経緯は、第2章のカモシカのところで紹介したように、特別天然記念物が被害を出すという現実に直面して、三庁合意の下で科学性を重視した目標がかかげられたことによる。さらに第3章のシカのところで紹介したように、個体数が全国的に増加し、分布も拡大して、高山にまで進出するシカが希少植物を食べつくすという、関係者たちが誰も想像しなかった顕著な影響が始まったことによる。そうした強烈な自然現象がこの制度の成立を後押しした。ただし、当時は昭和時代の「野生動物は危機に瀕している」との幻想を背負ったままだったので、特定計画制度の成立に向けた合意形成に関係者は苦労したに違いない。

特定計画制度とは、自治体が任意に対象種を選定し、科学に基づく計画を作成して問題に対処していく制度である。さらに、野生動物の問題解決に向けた手段として、個体数調整、生息環境管理、被害防除（柵の設置などの物理的な被害対策項目）の三本柱が掲げられた。もちろん、鳥獣法が、直接、扱うことのできる項目は個体数調整という捕獲に関する事項に限られるので、生息環境管理や柵の設置は土地利用に関する法律を所管する部署との調整や連携を必要とする。たとえば、森林については林政、田畑や牧草地は農政、河川や道路は土木関係との調整ということになる。

そうした調整の意義が本当に理解されるのは先のことになるのだが、新たに誕生した特定計画制度を普及させるにあたり、環境省はとりあえず科学的に捕獲を進めるための努力を開始した。まずは自治体の活用が進むよう、国が科学的調査（モニタリング調査）の予算を補助して、研究者を招集して対象種ごとにガイドラインや調査法のマニュアルなどを整備した。また、特定計画を作れば、当時、狩猟での捕獲が禁止されていたメスジカの捕獲が可能になるといったインセンティブな側面もちらつかせて、特定計画の策定を進めていった。

また、この制度の推進のために大型野生動物の調査法、とくに個体数の調査法の開発に積極的に予算が投下されたことは、第Ⅰ部で紹介したような科学的知見の蓄積につながった。このことは、個人では対応できない大規模な取り組みを必要とする大型野生動物の調査研究にとって、非常に重要な節目となった。そして、市町村の現場で発生する被害や捕獲など、生息情報の端末情報を集約して、都道府県を通して国が収集していく仕組み作りの試行も始まっている。

7.9　鳥獣被害防止特措法によるアシスト

歴史を振り返って初めてわかるのだが、特定計画制度が誕生した時、主な大型野生動物はすでに増加の一途をたどっていた。そのことを2003年（平成15年）の第6回自然環境保全基礎調査の分布図によって知ることになる。科学的に個体数を推定して捕獲を強化していくという作業プロセスは、制度の成熟のために必要なことだったのだが、野生動物の問題が減ることはなかった。獲っても、獲っても問題はなくならない。その背景には、地域の過疎によって農林業の従事者も猟師もすでに高齢化して減っていく途上にあり、限界集落や廃村さえ増えつつあったことによる。

捕獲だけで問題を解決できる段階ではなくなっていたにもかかわらず、それまでずっと捕獲で問題を解決してきた地域社会からは、もっと駆除しろとの声があがる。一方、被害対策の技術者たちは冷静で、鳥獣法では手を出せない生息環境管理や柵などの物理的な被害防除を積極的に遂行できるよう法整備を提案して、2007年（平成19年）に、議員立法として農林水産省所管の「鳥獣被害防止特措法（鳥獣による農林水産業等に係る被害の防止のための特別措置に関する法律）」が誕生した。

その目的の項には、「鳥獣による農林水産業等に係る被害の防止のための施策を総合的かつ効果的に推進し、もって農林水産業の発展及び農山漁村地域の振興に寄与する」と書かれており、この「総合的かつ効果的に」という文言にこそ、捕獲以外の方法を推進せよとの意思が込められている。この法律は、市町村が作った「被害防止計画」に国が財政支援する構造になっており、捕獲に関する事項もあるが、捕獲以外の方法に関する事項を記載することによって、たとえば柵の設置について記載すれば、そこに財政支援ができるようになっている。

この法律を所管した農林水産省はただちに鳥獣対策室という新たな部署を設置して、獣害に関する情報を膨大に収集して公開しながら、マニュアルの整備、研修の開催などを重ねている。しかし、根源的な問題は、第一次産業の従事者の全体が高齢化と減少の途上にあり、野生動物を追払う体力が地域社会から衰退していることにある。これに対する対策は農林業の活性化しかない。若い世代が農林業に参加して、リスクとなる獣害を、法の目的どおり総合的かつ効果的に跳ね返すことにしか活路は見出せない。

7.10　鳥獣保護管理法への転換

いよいよ全国的に獣の出没が頻繁になると、地元の声が政治を動かして、2013年（平成25年）末に環境省と農林水産省が共同で「抜本的な鳥獣捕獲強化対策」をとりまとめ、シカとイノシシの個体数、被害を出すサルの群れ、カワウの個体数を10年で半減させると宣言した。さらに、この10年半減政策を達成するために、2014年（平成26年）に鳥獣法が改定された。その目的は明確に捕獲の強化にある。

狩猟、有害捕獲（駆除）、個体数調整というこれまでの捕獲の枠組みに加えて「指定管理鳥獣捕獲等事業」という制度を設け、国が指定する鳥獣について、国の予算補助を受けた都道府県が委託事業を出して捕獲を強化できるようにした。もう一つは、狩猟者減少に対応して「認定鳥獣捕獲等事業者制度」を設けて、指定管理鳥獣捕獲等事業の受け皿とした。

さらに、農林水産省の鳥獣被害防止特措法も捕獲強化に向けて改定され、鳥獣法とタイアップして、有害捕獲や個体数調整の許認可権限を現場に近い市町村に移譲できるようにした。また、「鳥獣被害対策実施隊」という制度を設けて、捕獲や被害対策の任にあたる者を市町村の非常勤職員として雇用できるようにした。

こうした制度上の工夫は狩猟者が減っていく時代としては効果を発揮し、シカとイノシシの年間捕獲総数は、それぞれ20世紀末の十倍にあたる60万頭を超えている。しかし、それでも分布の拡大は続いており、出没と被害も増えている。森林でのシカ対策も悪戦苦闘の中にある。毎年60万頭以上の捕獲を続けても問題が改善しないこの状況は、増えた母集団の年間の増殖分すら獲り切れていないことを意味するのかもしれない。よほどの体制を作り出さないかぎり、すでに捕獲だけで問題を抑え込む段階を過ぎたということだろう。

そもそも、日本列島の全体の個体数を半減できたからといって、問題が半減するとか、なくなるということにはならない。そこには因果関係がない。相手は移動する動物であるのだから、よほど数が減らないかぎり、集まってくる場所では密度が高まる。捕獲数を増やすことを地域住民のフラストレーションへの政治的配慮と理解しても、これではきりがない。税を投入する以上は改善が必要である。

ここからの闘いは、捕獲事業によってただ年次目標数を獲るということではなくて、問題の実質的な解消を目指すことへと目標を切り替えることだ。そして、問題が発生しては困る場所（範囲）を特定して、そこでの個体数を限りなく0に近づける方向、すなわちそこからは完全に排除する方向で転換するほうが、効果というものが見えやすい。目の前の問題がなくなれば、住民にも喜んでいただけるはずだ。

第8章

鳥獣保護管理法の混沌

8.1　定義に見る違和感

捕獲を強化するために整えられた現在の鳥獣保護管理法（鳥獣の保護及び管理並びに狩猟の適正化に関する法律）においても、科学的な裏付けによって対策を選択していく特定計画制度は重要な位置にある。しかし、2014年（平成26年）の現行法への改定時には、野生動物を扱う法律であるにもかかわらず、生物学の視点からは意味の通らない、法の全体に違和感をまとったまま仕上がっている。捕獲強化を求める声に押されて、いかにもあわただしく作られたような雑な印象を受ける。それは法の根幹を示す第二条（定義）に始まる（下線は筆者による）。

（定義等）

第二条　この法律において「鳥獣」とは、鳥類又は哺乳類に属する野生動物をいう。

2　この法律において鳥獣について「保護」とは、生物の多様性の確保、生活環境の保全又は農林水産業の健全な発展を図る観点から、その生息数を適正な水準に増加させ、若しくはその生息地を適正な範囲に拡大させること又はその生息数の水準及びその生息地の範囲を維持することをいう。

3　この法律において鳥獣について「管理」とは、生物の多様性の確保、生活環境の保全又は農林水産業の健全な発展を図る観点から、その生息数を適正な水準に減少させ、又はその生息地を適正な範囲に縮小させることをいう。

4　この法律において「希少鳥獣」とは、国際的又は全国的に保護を図る必要があるものとして環境省令で定める鳥獣をいう。

この第二条にある「生息数を適正な水準に……」とは何か。法第一条（目的）の項には「生物多様性の確保」とある。その立場にたって生物学的に考えれば、生息数の適正な水準などという不確かなものを人間が決める立場にはない。保全生物学には絶滅の可能性が高まる個体数を暫定的に1,000個体とするとの提案はあるが、あくまで絶滅の危機におちいらせないための歯止めの基準として提示されたものであって、これ以上は必要ないと言っているわけではない。また、急峻なこの国だからこそ、いまだに山の中の生息数を正確に把握する方法を見出せない現状においては、文中の個体数を意味する「生息数」という言葉を「生息密度」に置き換えたなら、実際に現場で行われている密度の指標を採取する調査手法とも合致して、無理のない文書となるはずだ。

さらに、「生息地の範囲を……」とか、「生息地を適正な範囲に……」という文書にも違和感がある。生息地とは英語のハビタット（habitat）を意味する言葉であり生息環境のことを指す。いわば地べたのことであるから、対象鳥獣がその時点で生息しているか否かとは別の概念である。そのため、生息地を縮小させるとなると、対象地域を対象鳥獣が生息できない場所に転換するために、境界に壁を作るか、土地利用の改変を想定することになる。これは法の意図するところではないだろう。正しくは「（生息）分布の範囲を……」とか、「（生息）分布域を適正な範囲に……」とするべきものだ。

もちろん、分布域の縮小や拡大の手段として生息地における土地利用の改変は効果を発揮する。しかし、あえて「定義」の項に、鳥獣法以外の法律との複雑な交渉を前提にした、土地利用の改変を想定して書かれた文書だとしたら、実に大胆な決意表明である。そうでなければ、実行不能を前提に書かれた法文書ということになる。

8.2　保護計画と管理計画

同法の第七条（第一種特定鳥獣保護計画）には次のように書かれている（下線は筆者による）。

第七条　都道府県知事は、当該都道府県の区域内において、その生息数が著しく減少し、又はその生息地の範囲が縮小している鳥獣（希少鳥獣を除く。）がある場合において、当該鳥獣の生息の状況その他の事情を勘案して当該鳥獣の保護を図るため特に必要があると認めるときは、当該鳥獣（以下「第一種特定鳥獣」という。）の保護に関する計画（以下「第一種特定鳥獣保護計画」という。）を定めることができる。

第七条の二　都道府県知事は、当該都道府県の区域内において、その生息数が著しく増加し、又はその生息地の範囲が拡大している鳥獣（希少鳥獣を除く。）がある場合において、当該鳥獣の生息の状況その他の事情を勘案して当該鳥獣の管理を図るため特に必要があると認めるときは、当該鳥獣（以下「第二種特定鳥獣」という。）の管理に関する計画（以下「第二種特定鳥獣管理計画」という。）を定めることができる。

ここに見る「生息地の範囲」とは「分布の範囲」を意味するものとしてとらえたうえで、そもそも柔軟な姿勢で向き合うべき野生動物を相手に、保護計画、管理計画という固定した名称を用いて計画を分けることになったのは、法を作成した担当者の認識不足ではないかと思うのだが、実行する現場が理解に苦しむ妙な記述となっている。それこそ「保護管理」という言葉のあいまいさを引きずった不幸な誤解の産物である。

ここに記載のある第一種特定鳥獣保護計画（以下、第一種保護計画）とは、希少鳥獣ではないけれど、地域的に著しく減少している鳥獣について保護を図ることを可能にするために、作りたければ作ってもいいよと言っている。この場合、被害を出さない鳥獣ならば対象となる可能性はあるが、被害を出す鳥獣の場合には可能性が下がる。なにせ希少鳥獣は除かれているのだから、そうでない鳥獣の積極的な保護など他所でやってもらえばよいものだ。わざわざ被害を出す鳥獣を増やして県民の面倒を増やすわけにはいかない。それが自治体の長の当然の選択である。なにより個体数が少なくて被害の問題もないのなら、予算をかけて特定計画を策定する必要もない。特定計画を作るということは、自治体が社会問題として認知した場合にかぎられている。

2020年（令和2年）現在、第一種保護計画を作成したケースはクマ類に関するものだけで、福井、滋賀、京都、鳥取、島根、岡山、広島、山口の8府県である。このうち福井県、京都府以外は、環境省のレッドリストに記載のある「絶滅のおそれのある地域個体群」をかかえており、この6県はレッドリストの指定を根拠に第一種保護計画を選択している。また、京都府、福井県の場合は、丘陵と低山で構成される地形条件と人為的土地利用によってクマとの軋轢が多く、駆除がエスカレートしがちであることや、遺伝的な特異性という科学的評価に基づいて、地域個体群の保護の必要性を前面に出して第一種保護計画を選択している。このことは科学を踏まえた誠実な意思が働いた結果である。

この8府県の保護計画を読むと、その政策は、狩猟の対象から外したり、生息環境を混交林へと誘導したり、最も特徴的な事項は捕獲の上限数を定め、有害捕獲（駆除）された個体を生きたまま放獣する体制を整えて、できるだけ殺処分数を減らす努力をすると書かれている。しかし、こうした対策のほとんどは環境省が「ガイドライン」で示していることで、クマが生息する自治体の多くが共通して特定計画に書き込んでいる。したがって、猟期の狩猟を規制すること以外に第一種保護計画でも第二種特定鳥獣管理計画（以下、第二種管理計画）でも違いはない。

強いて違いを読み取るなら、第一種保護計画を選択した自治体ほど丘陵や低山が多く、猛獣と地域住民がモザイク状に暮らしており、常に人身事故の危険と背中合わせの生活があるということだろう。そのため捕獲がエスカレートしがちで、ともするとクマが生き残る余地がなくなる。だから放獣努力が熱心に進められている。一方、第二種管理計画を選択した自治体では、大きな山体の続く生息環境が背景にあることで、県境を越えて広く連続的な分布域を持つ集団（個体群）の一部をかかえる状態にある。この場合、ある年の捕獲が過度になっても、時がたてば周辺から個体が進入して回復する余地があるために、絶滅におちいる危険度は前者に比べれば小さい。

猛獣でありながら保護への配慮を必要とするクマという動物への対策は、分布の連続性を担保して、人身事故防止に努め、過度な捕獲を抑制することが要点である。そこには第一種保護計画と第二種管理計画を分ける必要を見出せない。

そもそも鳥獣法の特定鳥獣保護管理計画制度の「保護管理」という言葉は、マネジメントの意味を正しく理解できなかった時代に訳語として使われた用語である。鳥獣の集団は常に変化しているものだから、増えすぎれば管理を強化し、減ったら保護を強化する。すなわち捕獲圧のコントロールや生息環境の改善をして、随時、調整しながら付き合っていくものである。それがワイルドライフ・マネジメントである。第一種保護計画の対象であっても被害を出せば緊急避難的に駆除が必要となり、第二種管理計画の対象であっても保護に配慮するのは当然のことだ。だから分けることには意味がない。

特定計画制度の切り分けによるこうした違和感は、自治体の担当者が実務に携わるときにすぐに気づくところとなる。それでも法律に書かれていることに文句を言うわけにもいかず、ここにも一つ国へのフラストレーションの種が生まれてくる。

こうした意味のない仕分けが誕生した経緯はわからないが、この制度には全体を見渡す余裕が見出せない。管理とマネジメントの意味の違いは、すでに一般社会の常識である。環境省においても ISO（国際標準化機構）に関連する分野で、すでに「環境マネジメントシステム」という用語が使われている。この先、保護管理という言葉が生み出す誤解を払拭するためにも、保護計画と管理計画を元のとおり一本化して、さらに「特定鳥獣保護管理計画」を「特定鳥獣マネジメント計画」へと名称転換した方が、現場の担当者にはすんなりと理解されるだろう。

8.3　希少種の扱いに関する混沌

さらに違和感が残るのは、この改定時に、環境大臣が定めるものとして以下の二つの計画制度が加わったことである。先にあげた第二条（定義）4項で、国際的又は全国的に保護を図る必要がある鳥獣として定義された希少鳥獣について、第七条の三と第七条の四で、その保護を図るため特に必要があると認めるときは「希少鳥獣保護計画」を、特定の地域においてその生息数が著しく増加し、又はその生息地の範囲が拡大している希少鳥獣（特定希少鳥獣）については管理に重きをおいた「特定希少鳥獣管理計画」を作ると書かれている。

希少鳥獣とは、保護増殖を図るべき鳥獣であることを社会が強く意識するために指定するものであり、国内ではレッドリストが評価の任を負っている。そもそもレッドリストに記載する目的は、社会に保護増殖の努力を要請して健全な状態に移行させた後に、レッドリストから削除することにある。そうなると、特定希少鳥獣管理計画が前提とする、生息数が著しく増加し、又はその生息地の範囲が拡大している希少鳥獣（特定希少鳥獣）に対して、法第二条に定義するところの「管理」するという文書は矛盾していないだろうか。

現在、えりも地域のゼニガタアザラシが唯一、この対象になっているが、生物学的に希少鳥獣と評価される種であれば、増殖の努力こそするべきで、個体数を調整するような管理をすることは正しくない。仮に、生物学的に個体数調整をしても良いような集団であったなら、希少鳥獣に指定していることこそ矛盾している。普通に考えれば、通常の特定計画制度によって、絶滅を回避しつつ共存の道を探るべくマネジメントしていけばよいものだ。ここには生物の分布というものに関する理解がまるで抜け落ちている。鳥獣にとっては人間が定めた行政界や地域指定の境界線は認知の対象ではないということが忘れられている。

「あくまで特定の地域で著しく増加した鳥獣の集団」との説明がつくのだろうが、種として希少性を認めた対象とは、種として保護を促進するべき対象である。その場所を核として増えようとしているのだから、現場のいかなる状況であっても保護を優先して考えなくてはならない。もちろん、現場で生じる被害の問題については捕獲に代わる方法で対処することを優先し、緊急避難的な必要にかぎって、抑制的な捕獲を選択肢に含めることになる。先行事例として、国がレッドリストで「絶滅のおそれのある地域個体群」としたツキノワグマ個体群は、まさに国が定める希少性の高まった地域個体群であるにもかかわらず、中国山地の「絶滅のおそれのあるツキノワグマ個体群」では、現行法の第一種保護計画に基づいて有害捕獲（駆除）が容認されている。

その一方で、少なくとも四国や紀伊半島のツキノワグマ個体群の実態は、いまだに希少性が改善された兆しは確認されていない。とくに四国のツキノワグマ個体群の絶滅の危険性が高いことは、地道な調査に基づいて四国のNPOが示している。これこそまさに国が「希少鳥獣保護計画」を作成して対処するべき対象であるのだが、そうした配慮は後回しにされている。その絶滅回避は誰が責任を持つのか、はっきりさせて取り組む必要がある。小さな NPO 団体の孤軍奮闘に押し付けたまま、ごまかしていられる状況ではないだろう。

もう一つの大きな疑問は、種の保存法というものがありながら、なぜ鳥獣法に希少種の保護や管理の計画制度が組み込まれたのかということだ。希少性の高い種であっても、あるいは地域的に個体数が少ない集団であっても、置かれた状況によって被害の問題はいつでも発生する。これは狭い島国の宿命である。本来の順番としては、まず生物学的な希少性の評価に基づいて「種の保存法」の対象としたうえで、被害が問題となれば、種の保存法の計画制度を充実させて、必要に応じた対策を講じるべきものだ。鳥獣法はあくまで捕獲の側面でその計画を補完するものとすれば、法制度の文言としてすっきりする。

鳥獣法が現行の鳥獣保護管理法に改定されたとき、第一種保護計画とか、希少鳥獣保護計画、特定希少鳥獣管理計画といった、いかにも保護を強調するような制度が盛り込まれた理由は何だったのか。法の条文としてはいかにも雑である。「抜本的な鳥獣捕獲強化対策」によって捕獲強化に向けた法制度改革を迫られて、合意形成に向けたカムフラージュだったのか、贖罪の気持ちの表れなのか、その真意はわからない。野生動物のマネジメントの選択として、この時点で捕獲を強化することは社会的に間違いではなかったのだから、関係法令との関連でも、生物学的な観点でも、法の条文として整然としたものを作り上げるべきだったはずだ。

生物をめぐる状況は時間とともに変化していく。だからこそ、マネジメントのための制度は柔軟に対応できるように設計しておくべきものだ。個体群の状況に応じて捕獲（個体数調整）を強化することも、保護増殖を強化することもある。その全体が保全（conservation）であり、その手段として鳥獣のマネジメント（wildlife management）がある。それこそが鳥獣法本来の文脈でなければならない。

8.4　鳥獣法の意思を確認する

地球環境がさまざまな危機に直面する現代において、日本国憲法の前文や 9 条に記載された恒久平和と戦争放棄の理念は、地球環境保全とつながっている。

ひとたび戦争が起きれば誰も問わないが、兵器が排出する汚染物質や温暖化ガスは地球規模で拡散される。なにより核物質が飛散すれば地球上の生命体が破滅するかもしれない危ない時代である。広島、長崎ばかりか、東海原発のJOC臨界事故や福島第一原発事故の悲劇を体験し、おまけに予想を超える気候変動を前にして、日本国憲法の理想主義は今こそ存在意義が高まっている。

日本国憲法は、武力を完全放棄したという点で、その理想的究極平和主義が現実社会から乖離(かいり)していると考える人がいる。それは戦争に負けた時に連合軍に押し付けられた従属国の象徴だと考える人がいる。かたや、日本国憲法の理想主義こそ歴史のターニングポイントで偶然に誕生した人類の叡智の産物であり、世界遺産に登録すべき価値があると主張する人がいる。私は、生み出された経緯がどうであれ、理想と現実の間に矛盾が生じていようが、すでに75年以上もの長きにわたって私たちが背負ってきたことの重さのほうが勝っていると考える。人類の理想は追い続けるものだ。属国論を主張するのであれば、憲法改正を語る前に、まずは日米地位協定などの不平等を改善することの方が先である。それすらできない政治が憲法の文言を変えたところで、この国の属国としての地位が変わるはずもない。

話を戻そう。以上のように地球環境保全に深く関係する日本国憲法の下で、1993年（平成5年）に環境分野の憲法にあたる「環境基本法」が生まれた。環境関連の仕事にかかわる者は、一度は目を通しておくべきものだ。その冒頭に次のように書かれている（下線は筆者による）。

（環境の恵沢の享受と継承等）

第三条　環境の保全は、環境を健全で恵み豊かなものとして維持することが人間の健康で文化的な生活に欠くことのできないものであること及び生態系が微妙な均衡を保つことによって成り立っており人類の存続の基盤である限りある環境が、人間の活動による環境への負荷によって損なわれるおそれが生じてきていることにかんがみ、現在及び将来の世代の人間が健全で恵み豊かな環境の恵沢を享受するとともに人類の存続の基盤である環境が将来にわたって維持されるように適切に行われなければならない。

（環境への負荷の少ない持続的発展が可能な社会の構築等）

第四条　環境の保全は、社会経済活動その他の活動による環境への負荷をできる限り低減することその他の環境の保全に関する行動がすべての者の公平な役割分担の下に自主的かつ積極的に行われるようになることによって、健全で恵み豊かな環境を維持しつつ、環境への負荷の少ない健全な経済の発展を図りながら持続的に発展することができる社会が構築されることを旨とし、及び科学的知見の充実の下に環境の保全上の支障が未然に防がれることを旨として、行われなければならない。

そして、環境基本法の下、自然環境、野生生物に関する基本姿勢を定めた法律として、2008年（平成20年）に「生物多様性基本法」が誕生した。その冒頭には明確に次のように書かれている（下線は筆者による）。

（定義）

第二条　この法律において「生物の多様性」とは、様々な生態系が存在すること並びに生物の種間及び種内に様々な差異が存在することをいう。

2　この法律において「持続可能な利用」とは、現在及び将来の世代の人間が生物の多様性の恵沢を享受するとともに人類の存続の基盤である生物の多様性が将来にわたって維持されるよう、生物その他の生物の多様性の構成要素及び生物の多様性の恵沢の長期的な減少をもたらさない方法（以下「持続可能な方法」という。）により生物の多様性の構成要素を利用することをいう。

（基本原則）

第三条　生物の多様性の保全は、健全で恵み豊かな自然の維持が生物の多様性の保全に欠くことのできないものであることにかんがみ、野生生物の種の保存等が図られるとともに、多様な自然環境が地域の自然的社会的条件に応じて保全されることを旨として行われなければならない。

2　生物の多様性の利用は、社会経済活動の変化に伴い生物の多様性が損なわれてきたこと及び自然資源の利用により国内外の生物の多様性に影響を及ぼすおそれがあることを踏まえ、生物の多様性に及ぼす影響が回避され又は最小となるよう、国土及び自然資源を持続可能な方法で利用することを旨として行われなければならない。

3　生物の多様性の保全及び持続可能な利用は、生物の多様性が微妙な均衡を保つことによって成り立っており、科学的に解明されていない事象が多いこと及び一度損なわれた生物の多様性を再生することが困難であることにかんがみ、科学的知見の充実に努めつつ生物の多様性を保全する予防的な取組方法及び事業等の着手後においても生物の多様性の状況を監視し、その監視の結果に科学的な評価を加え、これを当該事業等に反映させる順応的な取組方法により対応することを旨として行われなければならない。

4　生物の多様性の保全及び持続可能な利用は、生物の多様性から長期的かつ継続的に多くの利益がもたらされることにかんがみ、長期的な観点から生態系等の保全及び再生に努めることを旨として行われなければならない。

5　生物の多様性の保全及び持続可能な利用は、地球温暖化が生物の多様性に深刻な影響を及ぼすおそれがあるとともに、生物の多様性の保全及び持続可能な利用は地球温暖化の防止等に資するとの認識の下に行われなければならない。

人は雑食動物として地球全体に爆発的に増加した動物である。その悪影響を自らの手でマネジメントすることこそ環境基本法および生物多様性保全法の意思である。鳥獣法はその理念の下に位置づけられており、人類が罠(わな)や武器を工夫しながら、何万年もの歴史を通して続けてきた野生動物の捕獲という行為を、自ら管理する（control）ための法律である。おのれの隠しきれない野生を制御することこそ、鳥獣法の本質である。

余談になるが、環境関連法規においては、sustainable development に対して、決して持続可能な「開発」という訳語は使われていない。あくまで持続可能な「発展」とか、持続可能な「利用」という言葉で表現し、共有されている。法文書に用いられる言葉には深い現代的意味がある。

8.5　パラダイムシフト

鳥獣法が単体でできることは限られており、あくまで捕獲行為を制御（control）する法律でしかない。人間が圧倒的に自然を抑え込んでいた近代では、現在のような鳥獣問題は表に出てこなかった。その理由は、問題の種は猟師たちが奥山で片づけてくれていたことによる。そして人口減少時代への移行が始まると、少しずつほころびが生まれて現実が露見するようになって現在がある。人間と野生動物の関係そのものがパラダイムシフトの渦中にあるとの理解もできる。だからこそ人間は野生動物や自然との新しい対峙の仕方を考えなくてはならない。

環境基本法が示すとおり野生動物は単なる害獣ではない。生物多様性の要素として保全しなくてはならない。人口減少で狩猟者が消える時代に、昭和の思考のまま駆除ですべてが解決するなんて態度では問題は解決しない。相手を根絶させてはいけないのだから、現場の環境条件を変えないかぎり相手は次から次へと出てくるのは当然のことだ。野生動物を抑え込んでいた近代にヒントを見出すなら、そして問題を回避したいのなら、そもそも遭遇する確率を下げることだ。野生動物の害性が潜り込まないよう、人々の土地利用が生み出す環境構造を改善し、野生動物が警戒心を持つような追払い効果のある人の活動を活性化させることが予防の第一歩である。

環境と関連する土地利用に関する法律には、野生動物の問題に配慮した文言を見出すことはできない。それは近代法が成立してきた明治から昭和にかけて、実態として棲み分けが成立していたからにほかならない。近年になって少しずつ見られる兆しは、たとえば、鳥獣被害防止特措法、自然公園法の生態系維持回復事業計画制度、森林法の森林計画制度に鳥獣害防止の関連制度が加わったことだ。ただし、それが書き込まれた法の意思にかかわらず、現場では相変わらず捕獲へのこだわりが強い。さらに、それぞれの法制度が、互いに調整されないまま運用されていることも、皮肉なことだが、野生動物が人為的空間へと入り込んでくる抜け道を作っている。

誰であっても自分の生活の場に害獣など出てきてほしくない。しかし、希望通りに排除するにはすでに手持ちの札が限られている。税収も限られ、人手も足りない。こうなると、ここだけは入ってもらっては困るという空間を特定して、そこからの完全排除を目指すという戦略に絞り込んでいくしかないだろう。

それは捕獲だけで対応できるものではない。たとえば空間の内側に隠れ場所をたくさん残したまま追いかけまわしたところで排除はできない。まずは、野生動物が隠れられない、できれば忌避する空間をたくさん生み出しておく必要がある。そのためには土地利用の法律を所管する、国土交通省、農林水産省、林野庁などで、問題解決にむけた空間作りの議論が起きなくては始まらない。これは突飛な提案ではなく、人口減少時代に突入した現代だからこそ緊急性が高まっている。

まずはこれから進んで行くコンパクトシティ（第9章9.3節、p.177）構想にのっとった地域再生ビジョンの中に、野生鳥獣が持ち込むリスクを回避するノウハウを組み込んでいくことだ。そして、そこに創り出された空間構造の中に、捕獲という行為をどのように貼り付けるかということを考えることが鳥獣法の役割である。この全体の作業がセットになってはじめて、野生動物はマネジメントできる。

さらに言えば、環境構造を作り出す土地利用の議論には、人間生活、産業、そして大型動物以外の各種生物の保全も、危険なウィルスの排除まで加わってくるので、自ずと生態系で考えるという方向に視野を広げざるをえない。それこそが環境基本法が求めるところである。経済の活性化を否定することなく、自然資本の経済的損失を避けたライフスタイルへと転換していくこと。そこにはきっと新たな知恵と技術を結集させた、エコシステム・マネジメントともいうべき社会システムの整備が必要になるはずだ。

第9章

捕獲の場所の大転換

9.1　鳥獣法のイノベーション

第7章7.3節（p.150）で、人口減少時代には捕獲に関する二つの問いが立つと書いた。一つは、捕獲という行為をこの先の社会はどう位置づけるのかという問い。二つ目は、土地利用の変化を前にして、野生動物の問題にどう対処するかという問いである。このことの具体的な解を考えてみる。

日本列島の人口がたとえ半分になっても、工夫しだいで快適な生活空間を手にすることはできるはずだ。人口減少自体が悪いわけではない。問題は、減少していく過程で、年齢構成が大きく高齢者に偏りながら推移することにある。GDPを指標にして、消費を拡大させて経済発展を導く昭和のシナリオのままで考えるなら、消費がしぼむばかりの人口減少社会では不安が増すばかりだ。そんなシナリオを転換して社会が新たな方向を見つけるまでの、おそらく半世紀ほど続く時間を想定して、その間の変化に鳥獣法もきちんと対応して役割を果たしていかなくてはならない。そのためにどうあるべきか、ということを考えてみる。それは社会のリスク・マネジメントを考えることでもある。

結論を先に書く。明治以来の150年にわたり、ずっと鳥獣法に引き継がれてきた乱場（らんば）制（第7章7.5節、p.153）を廃止して、趣味の狩猟を楽しむ場所を新たな概念に基づく猟区（仮に「新生猟区」と呼ぶ）に限定して、それ以外の場所の捕獲をすべて公的な管理捕獲に切り替えるという、鳥獣法のイノベーションを提案する。

古代から日本の風土に溶け込んで工夫されてきた狩猟をスポーツハンティングと呼ぶことに、私は違和感を覚える。また、法律上の狩猟という言葉が捕獲行為の一つに限定して用いられることも気にいらない。スポーツというならオリンピック種目にもある射撃だろう。そんな違和感を払拭するために、明治の一時期に使われた、遊猟、職猟という言葉に再登場してもらうことにする。概念を少し変えて、趣味の狩猟を「遊猟」の一語で表し、職務としての狩猟を「職猟」の一語で表すと使い勝手が良い（7.6節、p.154）。

かつての職猟とは、獲物を売って生業とする狩猟を意味した言葉だが、現代の職猟は社会が求める有害捕獲や個体数調整といった、いわゆる管理捕獲を職業とするプロの狩猟に対して使うことにする。いったい生業としての狩猟はどこにいったのかとの問いには次のように答える。遊猟だろうが、職猟だろうが、捕った獲物を資源として利用し換金する行為は、捕獲が終わった後の経済システムの議論であって、現場の捕獲とは次元が異なるものとして切り分ける。

以上を踏まえて、遊猟と職猟の免許を分けるかとの問いには、私は分ける方が理にかなっていると考える。なぜなら、ここで提案する職猟者（「プロ・ハンター」あるいは「ガバメント・ハンター」と呼ばれることもある）とは、社会がインフラとして必要とする公的な管理捕獲を職業として行う者であり、職務上、頻繁に銃や罠を使い、麻酔薬などの危険な薬物を扱うことから、より厳格に地域住民の生命や財産の安全確保に留意する立場にあることによる。その意味では警察や消防に近い職業である。あるいは、殺生という生命を扱う立場にあることを考えれば、獣医師免許に匹敵するほどの重さを持たせるものであってもよいかもしれない。それに対して遊猟免許は、指定された新生猟区でのみ可能な、趣味の狩猟に限定した免許と位置づけて、職猟免許ほどの厳格な資質や技術力を求めない。

ところで、無主物規定についてはそのままにして、野生動物の所有権を土地所有者に切り替える必要はないと考える。野生動物を獲物として利用する社会ではなくなり、人口減少とともに土地の所有権者も不明瞭になる。たとえ後に触れる新生猟区（9.7節、p.182）内の獲物であっても、閉鎖系ではないので所有権を固定する必要はない。強いて言うなら、生物多様性条約によって生物多様性保全の責務が国に発生した現在、「その所有権は国に帰属する」という文言を明確に法に書き込んでもよいかもしれない。

9.2　社会インフラとしての狩猟

後述する新生猟区以外の場所では、社会が必要とする管理捕獲を実行することにする。それは行政に雇用されたり、委託されたりする職猟免許取得者によるプロフェッショナルな狩猟である。

現行法にしたがって書くなら、有害捕獲のほか、密度抑制を意図して追払い効果を期待する予察捕獲、個体数調整、指定管理鳥獣捕獲等事業、市街地等への出没に対応する麻酔銃による生け捕り捕獲、罠に誤って捕まった動物の麻酔処理による放獣など、職猟者はこれらのすべてに対応することになるので実に多忙である。しかも、相手はクマ、イノシシのような大型動物から、カラス、ムクドリ、ドバト、外来動物のアライグマまで、多種多様である。これらのすべてが、一年中、さまざまな場所で問題を起こしている事実と、その問題をこれまでずっと抑え込んでくれていた狩猟者が消えることの意味を、客観的に理解して議論する必要がある。

保護地域や捕獲を制限する地域に関する議論は次章で深めるが、そうした場所であってもシカの密度が高まれば食圧で植生が喰いつくされる問題が発生する。あるいは、特定外来動物が増えて生物多様性が危機におちいるという問題が発生する。それらをコントロールするための捕獲は欠かせなくなる。現行法では、捕獲を禁止あるいは制限する保護区などの地域でも、シカの捕獲を可能にするために、法の文言が継ぎ足されてきた。しかし、法の構造が煩雑になりすぎである。

だからこそ、たとえ捕獲の禁止区域であろうが、生物多様性保全、住民の安心安全、静謐（せいひつ）の確保に正しく配慮できる技能を持ち、安心して任せられるプロの職猟者による狩猟へと切り替えることを提案する。これは全国的に狩猟者が消える時代を想定してのことで、年に一人二人の若い狩猟免許取得者が増えたから安心といった、お茶を濁すような次元の話ではない。このまま放置すれば、人身事故、生活環境害、感染症の拡散など、地域社会が日常的に被災し、混乱する獣害リスクを回避するための議論である。

人口が縮小していく地域社会の変化の実態にあわせて丁寧に進める必要があることから、そのための体制を整えるに10年はかかるとの想定にたって今から提案するものである。問題の質からみれば、これは消防や警察に匹敵する、これからの時代に欠かせない社会基盤（インフラ）であるとの認識にたって始めるべきだろう。

ところで、現在の鳥獣法第七十八条には、鳥獣保護管理員という非常勤職員を都道府県が配置できる制度があって、かつては鳥獣保護の視点からの現場見回りといった位置づけであったものが、「鳥獣保護管理事業の実施に関する事務を補助させる」という事務機能を果たす役割へと変化している。このことも多面的機能を持たせる職猟者によってカバーできるだろう。

9.3 乱場制と棲み分け論

次に、鳥獣法の根本思想となっている乱場制の改善について考えてみる。すでに拙著『けものが街にやってくる』や『自然保護の形』の中で書いてきたことだが、現時点で害を及ぼす野生動物との棲み分けができなくなっている理由は、地域社会の過疎によって農林業が衰退し環境を整備する力が消えようとしていること、都市でさえ人口減少のプロセスに入ったこと、さらに、狩猟者が減少していくこと、それらの相乗効果によるものである。そして、この先の本格的な人口減少プロセスを通して、国はコンパクトシティ論を提示して、人々が集まって暮らすことを期待している。人口が減れば税収も減るのだから、小さな財源で効率よく暮らす社会への移行を目指すことは、ごく自然な流れである。

ただし問題は、この人の移住のプロセスを通して、野生動物は確実に人為的な空間へと侵入してくるということにある。そこに新たに出現する問題に効率よく対処していく体制を生み出しておかなくてはならない。日々、浮上する問題への対処はもちろんのこと、そもそも野生動物が出てこないように予防的な体制を整えておかなくてはきりがない。その方法論が棲み分け論である。

たとえば国がイメージするコンパクトシティ論をベースにして、そこに四つのゾーンを想定する。核となる人間生活の拠点（コンパクトシティ、小さな拠点、コミュニティ）、周囲にバッファーゾーン、バリアゾーン、その外側に野生動物の生息ゾーンをイメージする（図 9.1）。それらを、昔から語られてきた、都市、郊外、里山、奥山という言葉で表現してもよいかもしれないが、すでに土地利用の状況も、環境の状況も、かつての概念が当てはまらないほどに変化

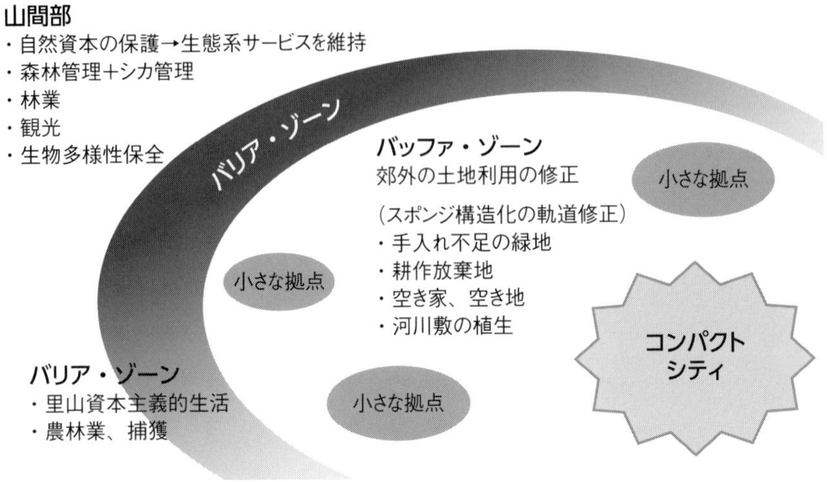

図 9.1　野生動物と人の生活空間との棲み分けの概念図（出典：羽澄俊裕，2020）

しているので、こうした言葉の使用をあえて避けた。

これらのゾーンで野生動物と棲み分けるために必要なことが、捕獲、生息環境管理、物理的防衛（柵等）という三つの手段であることは、特定鳥獣保護管理計画制度が誕生した20年前に示されている。しかし、現状の変化が著しいので、それを効果的に手当てしていくための新たな工夫が必要になっている。その組み合わせは、ゾーンの機能によっても、あるいは、現場の地理的条件や人の活動内容によっても違ってくる。まずは、害をもたらす野生動物と棲み分けるために必須のインフラ事項であるとの認識を共有して、標準化することだ。

ところで、こうした棲み分けの議論は鳥獣法に根付いた乱場制とはマッチしない。すでに趣味の狩猟者が自由な捕獲を行うことで個体数が減り、問題が解決するような段階ではない。乱場の随所で自由に狩猟が行われるほど、知恵のついた動物は逃げまわり、やがて人の空間に入り込んだほうが安全であることを学習し、人馴れがすすんでいく。こうなった以上、あふれる野生動物と変わっていく空間構造を視野に入れた緻密な計画に基づいて、人為的空間への侵入を防ぐための捕獲を実施していくしかない。そして、それぞれのゾーンで必要とする捕獲は、一貫した戦略に基づいて実行する必要があることから、すべては先に提案した職猟者による管理捕獲によって遂行することを想定していく。

9.4　乱場制と地域指定

無主物先占の思想の下では、野生動物は土地の所有者のものではなく、その所有権は獲った時点で狩猟者に発生する。加えて狩猟者が他人の土地に出入りして獲ることを認めてきた。これが乱場制である。この乱場制をベースに狩猟を行ってはいけない場所を特定する方向で法の枠組みが積みあがってきた。そもそも乱場という言葉は法律用語ではない。法の文書としてもわかりにくい説明書きとなっている。

現行法の第十一条には、「狩猟を行ってはいけない区域、あるいは生態系の保護又は住民の安全の確保若しくは静穏の保持が特に必要な区域として環境省令で定める区域以外の区域」との説明書きとともに、「狩猟可能区域」という言葉で表現されている。加えて、第十七条には、「垣、柵、その他これに類するもので囲まれた土地又は作物のある土地（農地など）」に限っては、土地の所有者の承諾を得なければ、狩猟をしてはいけないとの断り書きがあって、人の出入りが多い生活空間を想定した安全管理上の配慮がうかがえる。

乱場制が誕生した明治時代を想像するなら、人口は現在よりもはるかに少なかったので、急峻な山の中なら安全上の問題はないと判断したのだろう。害獣を獲ってくれるのだから地元の反対はなかったに違いなく、山の中で獲物を獲ることは地域社会の当たり前の日常だったはずだ。しかし、時が過ぎ、人口も増え、レジャーも多様化した1980年代になると、ハイキングや登山を楽しむ人も増え、猟期に入った晩秋の山中で、ふいに飛び出した獲物と、それを追いかけてきた興奮状態の猟犬が、ハイカーと遭遇してトラブルになったという話は、ときどき耳にしたものだ。都会から来た一般人は、狩猟は特別な場所で行われていると勘違いしている。乱場制はすでに時代にそぐわないものとなっていたのだが、狩猟者側の努力によって、なんとかしのいできた。ところが近年は狩猟者の高齢化のせいもあって、狩猟中の事故は増えている。

あくまで猟期の狩猟に関してのことだが、禁止や制限のされる場所として次のようなものがある。原生自然環境保全地域、国立公園・国定公園の特別保護地区のほか、都市公園、社寺境内、墓地、公道での狩猟が禁止されている。そのほかにも、鳥獣法で指定する「鳥獣保護区」、「休猟区」、一定の条件で制限された「指定猟法禁止区域」、「特定猟具使用禁止・制限区域」、「特例休猟区」

がある。また種の保護の観点から必要と認められた場合に指定される「捕獲禁止区域」、「捕獲制限区域」、そして住民の生活上の安全確保の観点から発砲の制限がされた地域などと、いろいろ付け加えられてきた。

まさに、社会の変化に応じてつぎあてのように、いろいろな地域指定を生み出しながらカバーしてきたと言ってよい。このような経緯を考えるなら、狩猟者人口が実質的に減少する時代に入ったこの機会を逃すことなく、乱場制という法の根本思想こそ転換して、地域指定の煩雑さを整理するべき時機にあると考える。

9.5　狩猟を行ってはいけない地域

鳥獣保護区（法第二十八条）とは、鳥獣の保護増殖を意図して狩猟が禁止されている地域を指す。これには環境大臣が指定する国指定鳥獣保護区と、都道府県知事が指定する都道府県指定鳥獣保護区があり、特に鳥獣の保護又はその生息地の保護を図るために必要があると認められる区域を特別保護地区に指定して、一定の開発行為を規制することができる（法第二十九条）。ただし、鳥獣保護区はあくまで猟期の狩猟の規制であるので、有害捕獲ほか許認可に基づく捕獲行為は制限されない。たとえば、保護区内であっても生物多様性保全のために求められるシカの捕獲（有害捕獲、個体数調整、指定管理鳥獣捕獲等事業）は実施可能である。

休猟区（法第三十四条）は、著しく減少している鳥獣の増殖を意図して、一定期間の狩猟を禁止する地域を指す。それは獲物が減少していた昭和時代までなら意味があった。そして地域の狩猟者が主体的に判断して設定してきたものだ。しかし、現代では、増加したシカが休猟区に逃げ込んで、高まる密度による食圧で森林が壊れる現象まで現れて、捕獲を強化せざるをえなくなっている。そのため休猟区指定の意義はすでに失われている。

指定猟法禁止区域（法第十五条）とは、鳥獣の保護に重大な支障を及ぼすおそれがあると認める猟法を「指定猟法」と定め、それを用いた鳥獣の捕獲を禁止する区域を指す。これは鉛弾の使用を想定して誕生した地域指定である。鉛弾を使って捕獲した獲物が放置され、それを猛禽類や獣が食べて鉛中毒を起こすことが確認されたことによる。

そのほかにも、危険予防の観点から特定猟具使用禁止・制限区域（法第三十五条）というものがあり、狩猟に伴う特定猟具（銃や罠）による危険予防、又は指定区域の静穏の保持のため、特定猟具による狩猟を禁止又は制限する地域を指定できることになっている。また、法第十二条では、国際的又は全国的に特に保護を図る必要があると認める狩猟鳥獣に対して、「捕獲禁止区域」、「捕獲制限区域」を定めて、種、期間、猟法を定めて禁止したり制限したりできるようになっている。

とくに危険性の高い銃猟については、別途、銃刀法で猟銃の所持に関して厳しい条件が設定されているうえに、鳥獣法第三十八条によって発砲してはいけないルールが定められている。すなわち、日出前及び日没後の銃猟の禁止、住居が集合している地域、広場や駅その他の多数の者の集合する場所（住居集合地域等）での銃猟の禁止、さらに弾丸の到達するおそれのある、人、飼養動物、建物、電車、自動車、船舶その他の乗物に向かっての発砲が禁止されている。しかし、最近は市街地にまで大型野生動物が出没する事例が増えていることから、そうした場所では、許可を得た者による麻酔銃を使った鳥獣の捕獲（麻酔銃猟）は認めざるをえなくなっている。

9.6 現在の猟区制度

猟区とは、100 年ほど前の 1918 年（大正 7 年）に設置された制度である。あえて狩猟者数を制限して有料で狩猟を楽しんでもらうために設けた地域を指す。獲物が減少していた時代に、大正時代の富裕層が独占的な遊猟の場を確保したかったことと、その区域内の獲物の存続を意図したことが始まりで、現在まで継承されている。江戸期の将軍や大名が鷹狩を行った御狩場（おかりば）のような独占狩猟の発想を引き継いだものであろう。現行鳥獣法の第四章狩猟の適正化第四節猟区には、節を設けるほど大きなスペースを割いて猟区に関する規定が書かれている。その第六十八条（認可）には次のような説明がされている（下線は筆者による）。

> **第六十八条**　狩猟鳥獣の生息数を確保しつつ安全な狩猟の実施を図るため、一定の区域において、放鳥獣、狩猟者数の制限その他狩猟の管理を

しようとする者は、規程を定め、環境省令で定めるところにより、当該区域（以下「猟区」という。）における狩猟の管理について都道府県知事の認可を受けることができる。

この文言からも、猟区とはあくまで狩猟の楽しみを維持するために、管理された狩猟を実施する地域であり、獲物の放鳥獣を認め、獲物を増やしつつ安全に狩猟を楽しむ地域として、その適切な管理のルールを前提に都道府県知事が認可する地域である。

猟区の設置には、あらかじめ土地の権利者の同意を得ることや（第六十九条）、管理に関する細々とした規定がある。たとえば特例として、猟区では猟区設定者の承認がなければ狩猟はできないほか、放鳥獣に特化した放鳥獣猟区ならば、放鳥獣以外の獲物は獲ってはいけないことになっている（第七十四条）。この放鳥獣については外来生物法が設けられた現在、どこまで容認するべきかという議論が棚上げになっている。

野生動物が増え放題で、交付金を投入して指定管理鳥獣捕獲等事業を展開してまで捕獲を強化する現代にあって、猟区制度はどのような意味を持つのか、そのことを再考するべき時機にある。

9.7　新しい猟区論

新しい猟区のあり方として次のように考えてみた。まずは乱場制の思想を転換し、全国を職猟者による管理捕獲の対象地とする。そのうえで、遊猟（趣味の狩猟）に対応する場所を確保するために、多面的な機能を持たせた新たな猟区制度を再構築して、この新生猟区を全国に、広く、たくさん設置することを提案する。その場所は、狩猟という行為の危険性を考慮して、人のさまざまな活動とはできるだけ距離を置いた、先にあげたバリアゾーンの外側、すなわち野生動物の本来の生息地の中に配置することにする。狩猟が行われる場所が決まっていれば、その他の山の利用者も安全確保がしやすいだろう。

まずは狩猟の楽しみの場ということを第一に考える。現代であるからこそ、質の高い遊びの場とすることを提案する。ゴルフ場が良い例だろう。クラブハウスがあって、山から帰ったらシャワーを浴びられて、ゆったりと自然を満喫できたらよい。長期滞在で狩猟を楽しむ人のために、宿泊は猟区内にかぎらず近隣の宿泊施設とタイアップしてもよい。銃や銃弾の保管は厳重に猟区管理者が責任をもって行ったらよい。また、仕留めた獲物を自ら調理できたり、一流シェフが調理したり、解体から調理までの技術を学べるような場所であっても面白い。要するに、文化としての狩猟の楽しみを正しく学べる場とすることを想定してはどうだろう。

南北に険しい山岳地域が続くこの国では、地域の地理的条件に応じて、それぞれに特徴ある狩猟技術が継承されてきた。そのことが重要で、地域の特徴に応じた狩猟技術を学べたら面白い。また、鳥と獣では捕獲の方法は異なり、中小型の毛皮動物と大物でも捕獲方法はまったく違うものだ。それが狩猟のだいご味であり、面白さでもある。きちんと運営される猟区であれば、狩猟鳥獣も、狩猟の時期も、期間についても、新生猟区の運営組織が獲物の生息状況に合わせて、そのつど決めればよいことである。そうなれば、現在のように国が情報を集めて狩猟鳥獣や猟期を全国一律に決めるという手続きは必要なくなる。これは行政負担の簡略化につながる。

そして、新生猟区の重要な役割の一つは、猟区以外の地域で実施する管理捕獲の担い手、すなわち職猟者の育成にある。現在、新たに狩猟免許を取得した者は、各地の現役の狩猟者から指導を受けているが、狩猟者がいなくなれば技術は継承できなくなる。その機能不全はすでに始まっている。本書で提案する職猟者とは、現場で修練を積んで捕獲技術を磨くことは当然として、これからの時代であるからこそ、SDGsの思想を理解し、環境基本法、生物多様性基本法を理解し、鳥獣法、外来生物法を熟知して、その他の環境関連法規もある程度は把握している必要がある。あるいは感染症に関連した法律や麻酔薬に関すること、銃刀法のことまで理解していなくてはならない。もちろん記憶にたよる部分はAI搭載の小型タブレットがカバーするようになるのだろうが、捕獲の技術はそうはいかない。現場でひたすら経験を積んで生身の身体で覚えていくものだ。プロの職猟者の育成には現場経験が必要だからこそ、新生猟区にその育成の場としての機能を発揮してもらう。

新生猟区を各地に広く配置することのもう一つの重要な意図は、密猟の監視にある。それは猟区内に限らず、対象となる地域個体群の実質的な監視体制を生み出すよう、生息状況のモニタリングのほかに、密猟、密伐、盗掘などの監視や摘発も行うなど、自然資源の保護の拠点として機能させる。なぜなら、人口減少の一途で山に入る人は確実に減っていくものだ。自然に入り込む登山者や観光客も限られてくる。もちろん森林・林業の管理者や自然公園の管理者が頻度高く山に出入りすることを期待したいが、この国の複雑な地形を考えれば、監視の目はできるだけ増やしておくほうが良いだろう。

9.8　新生猟区の運営主体

日本の急峻な山は、まさに藪の中だ。人の出入りが減る場所では何が起きてもおかしくない。密猟、盗掘、その他の犯罪の抜け道になる。たとえばクマの胆のうを干したクマノイ（熊胆（ゆうたん））は、いまだに高価に売買される国際マーケットが存在することを忘れてはならないし、外来動植物の捨て放題の場所になっても困る。植民地時代のヨーロッパ人が好んでやったように、狩猟獣として外来動物を持ち込んで、銃の撃ち放題の場所になっても困る。危険薬草が栽培されて取引されるようなアンダーグラウンドな状況ともなればとんでもない。山の中ではそんなさまざまな問題が浮上することを想定しての新生猟区制度の提案である。

ここまでに書いてきたように、社会的貢献度の高い多面的な機能を持たせることを考えるなら、あるいは銃を扱う場所であることを踏まえるなら、民間資本にできないとは言わないが、広く情報公開を前提にした、国営、公営にしておくほうがよいかもしれない。新生猟区の運営には広く市民の目が行き届いていることが前提だ。また、猟区の内外を含む広い自然環境の保全とマネジメントに関係してくるので、公的な運営体制にしておくほうがよいだろう。そこでの収益や情報は間違いなく鳥獣行政全般を支えるものとなる。

山の中であっても監視の目が行き届く新生猟区をできるだけ広く各地に確保して、その区域に出入りする道路にはゲートを設けて、密猟の獲物や銃の所持などをチェックする。それはアメリカの国立公園に入るときのゲートのようなものだ。このゲートで、あらかじめ入場者にエリア内の基本ルールを伝え、自然の中に入ること、かつ危険を伴う狩猟が行われる場所に入ることの気持ちの切り替えを促す。

興味深いことに、現行の猟区制度でも、国による猟区の設定に次のような規定がある。委託を前提に書かれているとはいえ、国が運営主体になることは突飛なことではない（下線は筆者による）。

（猟区の管理）
第七十三条　国は、その設定した猟区内における狩猟鳥獣の生息数を確保しつつ安全な狩猟の実施を図るため必要があると認めるときは、狩猟鳥獣の生息及び繁殖に必要な施設の設置、その人工増殖その他の当該猟区の維持管理に関する事務を、環境大臣が中央環境審議会の意見を聴いて、指定する者に委託することができる。

あるいは、猟区というものを地域の公的な協同体で運営することを想定するならば、それはかつての入会地、あるいは、近年、関心の高まっているコモン（common）の概念が当てはまるだろう。民間企業というよりも地域が主体的に協働運営して、そのことによる自然からの恩恵（生態系サービス）として、直接的に、山菜、狩猟の獲物、渓流の魚などを得るとか、新生猟区の運営からの収益の一部をコモンの協働経営者に還元することは、一つのありようかもしれない。いずれにしてもその運営をガラス張りにすることは必須の条件である。

9.9　生物多様性保全に寄与する新生猟区

広く自然地域をカバーする新生猟区の運営者は、そこを狩猟の場としてだけ使うとしたら宝の持ち腐れである。自然は四季折々の楽しみを提供してくれる、まさに生態系サービスを供給する自然資本である。だからこそ、その資源を最大限に活用することを考えたらよい。

伝統的に狩猟は晩秋から冬に行われるものだ。毛皮の質が高く、肉には油がのって美味となり、腐敗も遅いことによる。それ以外の季節は何をするか。釣り、キャンプ、昆虫採集、いろいろあるだろう。猟区という名称のイメージどおり、ハードな自然との付き合い方をさまざまに体験できる場であったらよいかもしれない。それはその地域の自然の多様性を最大限に活かすことから始まる。

デジタル社会が浸透する中で、生身の人間は自然を必要としなくなるだろうか。かつての映画「マトリクス」(The Matrix、1999年、アメリカ）のようにAIの家畜にでもならないかぎり、そんなことはありえない。バーチャルな動物の森に夢中になり、ぼっちキャンプ、ソロキャンプに走る人の心があるかぎり、本当の動物の森に導くことは可能なはずだ。それは人間としての健全さを保つためにも必要なことではないか。

そしてまた、猟区運営の前提条件は獲物の枯渇を避けることにある。必要に応じて保護増殖を図らなくてはならない。そのことは現行法の猟区の目的にも書いてある。そうなれば野生動物の生息環境についても健全に維持する必要が伴う。それは生物多様性保全につながることだ。この責務を果たすためには、適宜、対象鳥獣や生態系の全体をモニタリングし続ける必要が出てくる。

たとえば、大学などとタイアップして研究者や学生の生態学研究の基地として提供したらよい。それによってモニタリングデータの蓄積、密猟や盗掘の監視、次代の研究者育成につながれば、社会全体にメリットが大きい。少なくとも現時点では、日本の大型野生動物のすべての種が、狩猟、駆除、個体数調整ほか、なんらかの捕獲の対象になっている。そのための地域個体群の生息状況に関する情報を国も自治体も集め続けている。にもかかわらず、狩猟鳥獣の指定見直しの機会に、候補となる鳥獣の生息情報は非常に乏しい。

かつて50万人も狩猟者がいた頃は、頻繁に山に入っていた彼らの経験則が、おおまかとはいえ生息情報として機能しており、最近は見かけなくなったという情報ですら、保護区や休猟区の指定につながった。しかし、山に入る人が減ってしまえば、そうした経験則に基づく情報も失われる。こうした問題をカバーするためにも、新生猟区を野生の動植物の情報蓄積の現場拠点として機能させ、その情報がネットで自治体にも環境省にも集約されていくのなら、妙案ではないか。

9.10　モニタリング体制の確保

現行鳥獣法には「調査」に関する以下の記述がある（下線は筆者による)。

（調査）

第七十八条の二 環境大臣及び都道府県知事は、鳥獣の生息の状況、その生息地の状況、鳥獣による生活環境、農林水産業又は生態系に係る被害の状況その他必要な事項について定期的に調査をし、その結果を、基本指針の策定又は変更、鳥獣保護管理事業計画の作成又は変更、この法律に基づく命令の改廃その他この法律の適正な運用に活用するものとする。

ここに書かれている調査事項は、野生鳥獣のマネジメントには欠かせないものであるが、情報の質を高めるためには、二種類の方法の組み合わせが必要で、一つは科学的に開発された調査手法に基づいて一定の条件でデータを取得してくる方法。もう一つは、鳥獣の生息場所に頻度高く入る人々からの簡易な情報の収集である。後者にはできるだけ多くの目を用いたほうがよいので、アマチュアも含めて生物系の調査を行っている人の目はもちろんのこと、林業関係者、登山者や山小屋の関係者、そして狩猟の関係者の目が重要になる。そして人口がますます減っていく時代であるからこそ、管理捕獲に関連する職猟者や、猟区の運営主体による関連情報こそが、もっとも確実な野生動物の生息情報となるに違いない。

新生猟区以外の地域で実施される管理捕獲では、それを実行する任務にあたる職猟者が、マネジメントにおけるモニタリング調査の意義を理解していることが必須であり、すべての管理捕獲は公的な事業として行われるからこそ、関係する情報の供出を義務づけ、確実に自治体や国へとデジタルネットワークを通じてすみやかに情報を共有していくようにする。それがもっとも効率が良いマネジメントにつながる。

一方、新生猟区で行われる遊猟者が行う捕獲の情報は、猟区の運営者がすべて把握するものとして、猟区で狩猟を楽しむ遊猟者には各種情報の提供を義務づける。それらの情報は猟区内の獲物である鳥獣の基礎情報であるから、健全な運営を目指しているかぎり放置されることはない。さらに、その情報は、より広域的な地域個体群の動向を知るための安定した情報源として、自治体や国が共有することを前提とする。

第10章
保護地域論

10.1 鳥獣保護区の再考

一般的な用語としての保護区、保護地区、保護地域に、とくに意味の違いはない。ただし、法律上で地域指定の名称として使われる場合には、定義をつけて区別される。

鳥獣法（鳥獣の保護及び管理並びに狩猟の適正化に関する法律）で定められた鳥獣保護区あるいは特別保護地区は、自由狩猟の乱場制の下で狩猟を制限するために作られた制度である。しかし、もし現代的事情に基づいて趣味の狩猟（遊猟）の場所を新生猟区に限定してしまうなら、他のすべての地域では統制された職猟者による管理捕獲しか行われない。そうなれば鳥獣保護区をはじめとする趣味の狩猟を制限する地域の指定は必要なくなる。もちろん、職猟者による管理捕獲であっても特定の猟具の使用などを制限する地域を明確にしたほうがよい場合があるかもしれない。それでも多くの地域指定はなくすことができる。それによって鳥獣行政業務はスリム化できる。

現行の鳥獣法には、鳥獣保護区に関するたくさんの決め事が細かく書かれている。これは時代の要請とともに必要事項が増え、継ぎ足し、継ぎ足し、加筆されてきた結果である。たとえば、鳥獣保護区の指定に関する規定が書き足されてきた第二十八条には、第二十八条の二が加わって、鳥獣保護区であるにもかかわらず保全事業と称して捕獲に関する事項が書き込まれた。これは明らかにシカの増加によって、保護区であっても捕獲を必要とするようになったことを反映している。

以下に引用するように、この実に複雑な入れ子状態は、現行法が現状にそぐわなくなったことの証だろう。そこに生じる違和感とは、鳥獣保護区でありながら捕獲を許すということにあるのではなく、そもそも事情が変わったにもかかわらず保護区に指定し続けていることの方ではなかろうか（下線は筆者による）。

（鳥獣保護区）

第二十八条　環境大臣又は都道府県知事は、鳥獣の種類その他鳥獣の生息の状況を勘案して当該鳥獣の保護を図るため特に必要があると認めるときは、それぞれ次に掲げる区域を鳥獣保護区として指定することができる。

一　環境大臣にあっては、国際的又は全国的な鳥獣の保護のため重要と認める区域

二　都道府県知事にあっては、当該都道府県の区域内の鳥獣の保護のため重要と認める区域であって、前号に掲げる区域以外の区域

（鳥獣保護区における保全事業）

第二十八条の二　国又は都道府県は、鳥獣保護区における鳥獣の生息の状況に照らして必要があると認めるときは、国にあっては前条第一項の規定により環境大臣が指定する鳥獣保護区（以下「国指定鳥獣保護区」という。）において、都道府県にあっては同項の規定により都道府県知事が指定する鳥獣保護区（以下「都道府県指定鳥獣保護区」という。）において、保全事業（鳥獣の生息地の保護及び整備を図るための鳥獣の繁殖施設の設置その他の事業であって環境省令で定めるものをいう。以下同じ。）を実施するものとする。

2　環境大臣以外の国の機関は、国指定鳥獣保護区における保全事業を実施しようとするときは、環境大臣に協議しなければならない。

3　地方公共団体は、次に掲げる場合にあっては環境大臣に協議してその同意を得、それ以外の場合にあっては環境大臣に協議して、国指定鳥獣保護区における保全事業の一部を実施することができる。

一　当該保全事業として希少鳥獣の捕獲等又は希少鳥獣のうちの鳥類の卵の採取等をするとき。

二　当該保全事業として第九条第一項第三号の環境省令で定める網又はわなを使用して鳥獣の捕獲等をするとき。

（続く）

10.2　サンクチュアリとしての保護地域

サンクチュアリ（sanctuary）という言葉は、聖域、安全な身を隠せる場所、逃げ場所という意味を持ち、自然や野生生物を保護する地域の主要な機能の一つである。そのための保護地域指定は鳥獣法以外の法律にも設定されている。

その目的の一つは、たとえば、特殊な環境条件でしか生育できない植物群落であるとか、特定の植物に依存する昆虫類であるとか、水生生物、両生類、水鳥にとっての繁殖に必須の条件を備えた限られた池沼や湿地のような場合に、その生存を保障することにある。保護地域に指定することで種の存続の最後の砦を護るということだ。

もう一つの目的は、希少性が高まった生物でなくとも、地域に生存する生物の集団の健全な状態を維持する、あるいは回復させるために、増殖を担保して、その分布の拡大を保証する核として保護地域を機能させることにある。保護地域とは、生物を永遠に希少性の中に閉じ込めるために指定するものではない。そのことを誤解してはならない。

鳥獣法の第二十九条の「特別保護地区」は、サンクチュアリとしての機能を高めるためのものとして理解されるが、遊猟（趣味の狩猟）を新生猟区内に限定して、その他のすべては職猟（管理捕獲）として管理下に置いたなら、少なくとも野生鳥獣に対する狩猟圧の問題は制御することができる。これこそ鳥獣法本来の主旨である。

ただし、生物多様性の全体を見渡せば、彼らの持続的な生存を危うくする要因は狩猟とは限らない。鳥獣以外の動物群の違法な捕獲、希少植物の盗掘、密伐、あるいは土地を改変する開発行為、外来生物の遺棄や放置は、常に起きる可能性がある。したがって、そうした行為を予防的に制御する手段の一つとして保護地域を指定しておくことは、現代においても喫緊の意義がある。それが生物全体を対象にするものとして配置されるなら、鳥獣法の対象種もそこに含まれる。

10.3 生態系の多様性

生物多様性条約が保全を求める多様性には、遺伝子の多様性、種の多様性、生態系の多様性という三つのフェーズがある。このうち、もっとも大きなスケールの生態系の多様性の保全を意図すれば、種の多様性も、遺伝子の多様性もとり込んだ包括的な保全が可能となる。生態系というものは生物相互の複雑な関係性の総体であり、生物はその中で遺伝子を変異させながら進化を続ける。

現在、遺伝子を操作する技術を手にした人間は、野生の動植物の遺伝子に無限の価値を見出した。だからといって、遺伝子を抽出して冷凍保存しておけば十分というわけではない。生態系という進化の舞台にあってこそ遺伝子は人間の想像を超えて無限に進化を続ける。その生態系を壊してしまえば、得られる価値はそこまでとなる。将来の人類のためにも、自然の本質そのものである生態系の多様性こそ保全して引き継いでいく意味がある。生物多様性条約はそのことを担保しようと言っている。

生態系という概念は柔軟なもので、地球まるごと生態系として語られることもあれば、特定の流域の生態系、都市の生態系、小さな緑地の生態系まで、用いる人の好きなようにくくって語ることができる。このとき自然環境だけが生態系ではないことに気づいてほしい。かつて、風土という言葉で表現されたように、たとえば、農業や林業あるいは狩猟を営む人々の暮らしを含めた生態系もあれば、都会のビル街でさえ生態系として語ることができる。そして、どこにでも多種多様な生物が潜んでいて、生物多様性を構成している。だから生物多様性保全の議論とは、人間活動も含め、地球上のどの空間が欠けてもいけない。

生態系の概念はこのようなものだから、当然、ある空間を拾い出せば、自ずと複数の生態系が複層的に関係してくるものだ。そして、地形が急峻で南北につらなる日本の国土には人の利害が複雑に絡むので、そのかかわり方をとらえる作業は簡単ではない。まずは生態系の中に生きていることを意識して、人が持続可能に暮らしていくにはどうするかということを優先して考えてみる。それがSDGsキャンペーンの目指す、人と自然の持続的な暮らしにつながっていくだろう。第9章で提案したように人間の内なる野生の象徴である狩猟行為を制御することも、保護地域の指定も、SDGsに向けた手段の一つである。

10.4　シカ対策と保護地域

理解をむずかしくするのは、生態系の動的なメカニズムにある。生態系の内側では、それぞれの生物が互いに複雑に関係しあっており、ある種が増えると、ある種が減るといったことが常に起きている。人間が増える過程でたくさんの生物種が絶滅したことでさえ、生態系の一つの姿である。それが人間という自らの種にとっても不幸な結末になりそうだと気づいて慌てているのが、現在の地球規模の環境危機に対する地球温暖化会議やSDGsキャンペーンの実態である。

そして、この数十年の中ではっきりと確認された日本の森林生態系の動的機能の一つが、密度の高まったシカの食圧で森林の構造ががらりと姿を変えてしまうということだった。実は、変化はじわじわと始まっていたに違いないのだが、ある時点ではっきりと現れて、突然のように見えるので、人間は驚いて一生懸命にその変化を抑制しようとしている。

自然公園の景観が失われるからとか、生物多様性が失われるからとか、そもそもシカを増やしてしまった原因を生み出したのは人間なのだからとか、理由をたくさんあげながら、緊急避難的にシカを減らす努力をしてはいるものの、シカの増殖と分布拡大の勢いが強すぎて手を焼いている。半世紀ほど前まで絶滅に瀕するほどにシカを追い詰めていたことからすれば、理論的にはシカを減らすことは不可能ではない。

換金性を高めればシカへの捕獲圧は高まるだろう。そう考えてシカを指定管理鳥獣にして、捕獲に税を投入して年間60万頭を超える捕獲数が達成されるようになった。捕獲圧を高めることができたという意味では大成功である。しかし、問題の解消という目的が達成されたわけではない。問題の解決を実感するには、おそらくあと数十年は今以上に強い捕獲圧を継続する必要があるだろう。にもかかわらず狩猟者が消えようとしている。こうした問題に対処するためにも、管理捕獲の継続性を担保する職猟者制度の提案をした。

これまでの数十年の努力でわかるとおり、やみくもに捕獲数を延ばしたからといって生物多様性が護れるわけではない。シカの密度は簡単には下がらない。そこには闘い方の工夫が必要になる。要するに優先して護るべき自然地域の範囲を明確にして、そこからの排除の体制を整えることだ。この対象範囲を保護地域とする。その場合、狩猟資源の保護増殖を目的とする鳥獣法の鳥獣保護区ではなく、自然環境の全体、生物多様性の全体に配慮した保護地域指定の制度を持つ法律を適用すればよい。

その保護地域では、シカの食圧から護るために緊急避難的に植生保護柵の設置を優先する。これらの柵は、大型台風の増える時代には常に壊れるので、定期的なメンテナンスを怠らない。そして、リスクを小さくするために小規模に囲む柵をいくつも設置する。柵の設置には時間がかかるので、作業を進める傍らで、シカの食圧の影響が出る時期にこそ、攪乱効果を伴う持続的な捕獲圧をかける。やがて自然の中でちょうど良い程度にシカの密度が下がったなら、きっと柵をはずすことができるだろう。それまでは人為的にシカの密度を抑制し続けなくてはならない。これが第3章3.9節（p.73）で紹介した神奈川県で実施されている戦略である。

実はこのことは、人の生活空間から獣害リスクを排除することを意図した棲み分け戦略と、基本的には同じことである。人口減少が進むほど予算も労力も限られてくる。コストパフォーマンスを考えるなら、護るべき範囲を明確にして、リスクをできるだけ抑制していくということだ。漫然と捕獲頭数を増やすことに専念してきた時代は終わりにしたい。

10.5　保護地域に関するIUCNの概念

IUCN（国際自然保護連合）という世界最大規模の自然保護NGO組織のうち、WCPA（世界保護地域委員会）という専門委員会から、2008年に『保護地域管理カテゴリー適用ガイドライン』という保護地域の概念整理が公開されている。そして2010年に愛知県名古屋市で生物多様性条約COP10が開催された後に、WCPA日本委員会によって日本語訳版が公開された。そこでは、人間活動に規制をかける保護地域指定という手段が、歴史的に見て自然環境の保全に効果的な役割を果たしてきたという事実を踏まえ、そのマネジメントの目的に沿って、以下に示すように保護地域を大きく六つの概念（細目を入れると七つ）に分類している。

Category Ⅰa　厳正保護地域（Strict nature reserve）：生物多様性の保護を目的とする。優れた生態系、種、地学的多様性の特性の保全を意図する地域。対象とする自然とは、人間の関与なしで形成された特性を持ち、何らかの人的活動の影響を受ければ、劣化・崩壊する。当該地域に存在するべき在来種がすべて生息しており、あるべき生態系がすべて存在している。ほとんどが手つかずで、完全な生態的過程を有する。保全目的の達成のために実質的かつ継続的な介入を必要とせず、かく乱を最小限に抑える管理をする。通常、立ち入り制限があり、居住が禁止される。

Category Ⅰb　原生自然地域（Wilderness area）：自然地域の生態系の完全性が長期にわたり保護され、現在／将来の世代がこのような地域に触れる機会を維持することを目的とする。比較的広い原生生息地を必要とする特定の種や生態学的コミュニティを保護する。対象とする自然とは、原生に近い自然を有し、原生生態系が高い比率で保たれて完全な状態にあり、在来の動植物相がほぼまったく欠けることなく存在していること。さらには、生物多様性、生態学的過程、生態系サービスを保全するための十分な面積があり、大規模な人的活動による撹乱はなく、道路や送電線など近代的なインフラ整備や開発、大規模観光、産業採鉱事業などが行われていない。好ましくは、自動車利用は厳しく制限または禁止され、限られた人数の訪問者が原生地域を体験できる空間を提供する。

Category Ⅱ　国立公園（National Park）：自然の生物多様性およびその基盤である生態系の構造と環境作用を保護しつつ、教育・レクリエーションの促進を目的とする。対象とする自然とは、生物多様性の組成、構造、機能が「自然」の状態に非常に近く、生態学的機能・作用を維持できる十分な面積と生態的良質さを備えている。小さな保護地域や文化的景観では守れない大規模な生態系プロセスの保護や撹乱のない広い生息地を必要とする種や群落を保護し、保全プログラムの必要性などについて訪問者に提供・啓発し、主にレクリエーションや観光などを通じて、経済発展を支援する。

Category Ⅲ　天然記念物（Natural monument or feature）：独特かつ傑出

した自然的特徴及び関連する生物多様性と生息地の保護を目的とする。対象とする自然とは、通常小面積で、広大な生態系ではなく、一つもしくは複数の傑出した自然的特徴と関連する生態的環境をいう。この「自然的」という表現は、まったく自然のものと人間の影響をうけたものを指す。たとえば、地質学的・地形学的特長（滝、噴火口、渓谷、サンゴ礁など）、文化的影響を受けた自然の特徴（洞窟住居や古代の道など）、自然文化地域（鎮守の森、泉、滝、山など）、文化的地域と付随する環境（自然地域と切り離せない考古学や歴史上の重要地など）。管理には特定の自然的特徴の保護・維持を重視する。

Category Ⅳ　種と生息地管理地域（Habitat/Species management area）：種と生息地の維持、保全、回復を目的とする。対象とする自然とは、世界、国、地方レベルで重要とされる植物種や動物種とその生息地。規模はさまざまだが、比較的小さいものが多い。たとえば、最後に残された絶滅危惧種の個体群とか断片化された生息地。自立するには小さすぎる、もしくは根本的に変化してしまっている自然生息地。文化的な管理により形成された生態系があげられる。すでに大幅に改変されて、多くは、人口密度の高い陸域・海域景観の中にあり、不法利用や観光客による負荷の両面から人為的な圧力が大きい。通常、一般に公開されている。分断された生態系の一部分であり、自立できないため、管理介入を通じて生息地の存続を確保し、種の生存要件を満たす。特定の種や生息地の保護を目的として、管理もこれを優先する。

Category Ⅴ　景観保護地域（Protected landscape/seascape）：重要な陸域景観·海域景観や、関連する自然保全的な価値やその他の価値を保護し、持続させることを目的とする。対象とする自然とは、伝統的な管理慣習を通じて人間との相互作用により形成された、生態学的、生物学的、文化的、景観的価値を備えるようになった地域。人間と自然の均衡のとれた相互作用は損なわれていない状態。たとえば、持続可能な農業・林業システムや景観との調和の中で発展した居住地など、独自または伝統的な土地利用パターンを有し､レクリエーションや観光の機会を提供する。そこでは文化的管理の中で進化した種など、生物多様性の重要な構成要素が伝統的管理制度を維持することによって保全でき、現代的な開発と変容を許容しながらも、現在の慣習を維持したり、歴史的な管理システムを回復したりして、重要な景観価値の維持を目指す。

Category Ⅵ　自然資源の持続可能な利用を伴う保護地域（Protected area with sustainable use of natural resources）：保全と持続可能な利用の双方に有益である場合に、自然の生態系を保護し、かつ天然資源を持続的に利用することを目的とする。対象とする自然とは、熱帯雨林、砂漠、湿地、沿岸、公海、寒帯林などの広大な自然地域。そのほとんどが自然の状態であること。一部のエリアで、天然資源の持続可能な管理や、自然環境の保全と矛盾しない低レベルの天然資源の非産業的利用が行われる。多様な関係者が納得するガバナンスのあり方を発展させる必要がある。

IUCN カテゴリーの中でも独特のカテゴリーであり、保護地域内の一定面積を自然の状態で保つことを推奨している。自然に大きな影響を及ぼさないような伝統的慣習に基づく利用や占有が全域にわたっているような、地域の保全のために適するカテゴリーである。大規模な産業向け採取を許容するために作られたカテゴリーではない。

以上の IUCN 保護地域カテゴリーは、世界の保護地域の事例を集約して、その指定のありようを類型化したものであり、これらのすべてをそろえる必要があるということではない。それぞれの国には、それぞれの歴史的背景と法律の構成がある。大事なことは、新たな時代に強く求められている生物多様性保全の遂行にあたって、保護地域をより機能的に活かしていけるように、マネジメントの仕組みをきちんと組み立てなさいと言っていることにある。

10.6　日本の保護地域

日本には先にあげた鳥獣法の地域指定のほかにも、たくさんの保護地域指定

表 10.1 日本の保護地域一覧

法律名	保護地域指定の種類
自然環境保全法 　原生自然環境保全地域 　自然環境保全地域 　沖合海底自然環境保全地域 　都道府県立自然環境保全地域	 特別地区、野生動物保護地区、普通地区 特別地区、野生動物保護地区、普通地区
自然公園法 　国立公園 　国定公園 　都道府県立自然公園	 特別地域（特別保護地区、第 1 種特別地域、第 2 種特別地域、第 3 種特別地域）、普通地域、海域公園地区
文化財保護法 　史蹟名勝天然記念物	 天然記念物地域、天然保護区域
鳥獣保護管理法 　鳥獣保護区	 特別保護地区、特別保護指定区域
種の保存法 　生息地等保護区	 管理地区、監視地区
国有林野の管理運営に関する法律 　保護林制度 　緑の回廊	 森林生態系保護地域（保存地区、保全利用地区）、生物群集保護林、希少個体群保護林
河川法 　生態系ネットワーク	
水産資源保護法 　保護水面	
国際条約に基づく保護地域 　ユネスコ MAB 計画（人間と生物圏計画） 　世界遺産条約 　ユネスコ・ジオパーク 　ラムサール条約	 ユネスコ・エコパーク　生物保存地域（BR：Biosphere Reserves） 文化遺産地域、自然遺産地域 海洋沿岸湿地、内陸湿地、人工湿地

の種類がある（表 10.1）。法に沿って指定の着眼点は異なるが、いずれも人の活動を制御するという点で、一定の効果を発揮している。しかし、生物多様性保全の観点からは必ずしも十分とはいえない。

もっとも大きな問題は、南北に細長く、急傾斜地が多くて平地が少ない国土の特徴から、山間部の細部に至るまで人が利用してきた歴史があることによる。その結果、土地の所有権が細かく複雑なモザイク構造になっているので、人の暮らしや生業を制限する保護地域の指定を困難にしている。だから人の生活や生業に適さない土地だけが保護地域に指定されることが多い。この点は第２章で紹介したカモシカ保護地域の指定の時に問題となった。どうしても保護地域指定が必要な土地に関しては、地権者の承諾を得るための長い交渉を必要とするし、時には土地の買い取りが必要となった。

こうした事情から、それぞれの保護地域の範囲は複雑な地形の中の限られた範囲に限定され、理想的な保護地域論でいうところのバッファー（緩衝帯）を確保することが困難となっている。そのため開発の勢いがすさまじかった昭和時代には、厳格な保護地域の境界の外で平然と森林伐採が行われていたものだった。日本の保護地域に土地利用に関する複数の法律がかぶっている事情は、広大な土地を持つ国とは明らかに異なる。

しかし、人口減少時代に入った今日、地権者の高齢化が進み、相続が重なるうちに地権者の所在までわからなくなっている。山間部ほどその傾向が強い。こうした現状は地域指定を見直す契機であり、必要に応じて保護地域の範囲を広げ、質を高めるチャンスでもある。放置すれば安易な開発目的を持った企業などによる買い占めの対象になる。それについては危機意識を持ったほうがよい。

IUCNカテゴリーのⅠａ（厳正保護地域）Ⅰｂ（原生自然地域）に該当する保護地域指定には、自然環境保全法に基づく、「原生自然環境保全地域」、「自然環境保全地域」、「沖合海底自然環境保全地域」、「都道府県自然環境保全地域」がある。このうち原生自然環境保全地域（5地域）は最も厳格に人の影響を排除した地域である。自然環境保全地域（10地域）と都道府県自然環境保全地域（546地域）に関しては、内部に特別地区、野生動植物保護地区、普通地区を指定したうえで、許可届出によって人の関与を規制する構造になっている。沖合海底自然環境保全地域については、2020年（令和２年）末に初めて伊豆小笠原海溝、中央マリアナ海嶺・西マリアナ海嶺北部、西七島海嶺、マリアナ海溝北部の4地域が指定された。

IUCNカテゴリーⅡ（国立公園）に該当する保護地域指定には、自然公園法に基づく国立･国定公園のうち、とくに東日本に多い、急峻な山岳地域を含み、自然性の高い地域が残っている自然公園が該当する。自然公園の地域指定は、もともと傑出した風景を対象に指定された経緯があり、より広い保護地域指定を可能にする制度であるが、生態系、生物多様性を保護の対象として内包する概念へと変化して、広い地域指定が保全の効能として認知されている。近年は人口減少に伴う管理の不備が進んでいることを受けて、観光資源としての価値を引き出して利用者誘致の議論が進んでいるほか、それに伴う資源的価値を維持するための施策の議論も盛んになっている。

IUCN カテゴリーⅢ（天然記念物）に該当する保護地域指定には、文化財保護法が該当する。法の目的を示す第一条に、「この法律は、文化財を保存し、且つ、その活用を図り、もつて国民の文化的向上に資するとともに、世界文化の進歩に貢献することを目的とする。」と書かれている。自然景観や動植物に関しては史蹟名勝天然記念物に指定されて保護の対象となる。対象とする地域の範囲は限定的であるが、第２章のカモシカのところで紹介したように、種を対象とする場合には、その扱いはいっそう厳格なものとなる。無形文化財をのぞけば、地域を限定して保護の対象とするもので、先に書いたように生態系のスケールに応じて生物多様性が存在することを考えれば、たとえそれが人の利用を前提にしていたとしても保護地域としての機能を果たすことができる。

IUCN カテゴリーⅣ（種と生息地管理地域）に該当する保護地域指定には、先に書いた鳥獣法の「鳥獣保護区」のほか、種の保存法（絶滅のおそれのある野生動植物の種の保存に関する法律）の対象となった動植物の保護を目的とした「生息地等保護区」がある。さらに、その保護増殖事業に関連して人の活動を制限する地域については、仮にそれが特定の種の保護のためであっても、関連して地域の生物多様性保全が担保される可能性を含んでいる。

そのほかにも林野庁による生物多様性保全施策の一環として、国有林内に指定する保護林制度や緑の回廊の制度がある。保護林については、「森林生態系保護地域」、「生物群集保護林」、「希少個体群保護林」の３区分があり、緑の回廊はこれらの保護林をネットワーク化して希少野生生物の移動路を確保することを意図して設定されるものだ。さらに、国交省の国土形成計画に絡んで、河川を基軸とした生態系ネットワークの取り組みは、生物多様性保全を視野に入れて生息地のネットワーク化を意図するものである。

IUCN カテゴリーⅤ（景観保護地域）に該当する保護地域指定には、カテゴリーⅡで紹介した自然公園法の指定地域のほか、カテゴリーⅢの文化財保護法の史蹟名勝天然記念物も該当する可能性がある。

IUCN カテゴリーⅥ（自然資源の持続可能な利用を伴う保護地域）の保護地域指定とは、主に伝統的な第一次産業、たとえば伝統的な農業、林業、水産業、狩猟の行われてきた場所が想定されるが、広くとらえれば自然公園の普通地域なども該当する可能性がある。

10.7　国際条約に基づく保護地域

国内法に基づく地域指定のほかに、ユネスコ（国際連合教育科学文化機関、UNESCO）による、自然環境の保全と持続可能な発展の両立を目的とした「ユネスコエコパーク（生物圏保存地域：Biosphere Reserves, BR）」というものがある。これはユネスコの自然科学分野が実施する人間と生物圏計画（MAB：Man and the Biosphere）の一事業として、地域の豊かな生態系や生物多様性を保全し、自然に学ぶと共に、文化的にも経済・社会的にも持続可能な発展を目指すことを目的としており、日本では7ヵ所が指定されている。その核心部分は自然公園や国有林の保護林と重複指定して担保されている。さらに、その指定にあたっては次に示すような条件が課せられている。

(1)「保全機能」、「学術的支援」、「経済と社会の発展」の三つの機能を有していること。
(2)「核心地域」、「緩衝地域」、「移行地域」の三つにゾーニングされた地域を有すること。
(3) 生物圏保存地域の保存管理や運営、上記三機能の実施に関する計画を有していること。
(4) 生物圏保存地域の管理方針又は計画の作成及びその実行のための組織体

制が整っていること。

(5) 組織体制は、自治体を中心に当該地域にかかわる幅広い主体が参画していること。

(6) ユネスコBR世界ネットワークへの参画が可能であること。

これら六つの条件が必要であることから、生物多様性を保全するためのマネジメントの体制整備につながるものとなっている。

同じくユネスコにおいて発効された「世界遺産条約（世界の文化遺産及び自然遺産の保護に関する条約）」は、顕著で普遍的な価値を有する遺跡や自然地域などを、人類のための世界遺産として保護、保存し、国際的な協力及び援助の体制を確立することを目的にしており、日本では「古都京都の文化財」、「古都奈良の文化財」、「日光の社寺」、「白川郷･五箇山の合掌造り集落」、「原爆ドーム」、「紀伊山地の霊場と参詣道」などに、新たに2021年に登録が決定したばかりの「北海道・北東北の縄文遺跡群」を加えた20件の文化遺産がある。そして「知床」、「白神山地」、「小笠原諸島」、「屋久島」に、新たに2021年に登録が決定した「奄美大島、徳之島、沖縄北部及び西表島」を加えた5件の自然遺産がある。

とくに、自然遺産地域の指定には、顕著な普遍的価値を有する自然地域を人類全体の遺産として保護・保存すること、その保護・保存のための国際的な協力及び援助の体制を確立することが目的とされており、文化遺産についても、人と自然を内包する生態系として一体的に保全されるという観点では、広い意味で生物多様性保全機能が期待できる。

もう一つ､ユネスコの事業活動として世界ジオパーク計画というものがあり、国際的に価値のある地質遺産を保護し､自然環境や地域の文化への理解を深め、科学研究や教育、地域振興等に活用し、自然と人間との共生及び持続可能な開発を実現することを目的としている。日本では9ヵ所が指定されているほか、日本独自に指定された43のジオパークがある。その生態系の視点に基づく保護やマネジメントの体制整備といった条件は、生物多様性保全への寄与が期待される。

さらに「ラムサール条約（特に水鳥の生息地として国際的に重要な湿地に関

する条約)」というものがあり、湿地の生態系の保護を目的として、海洋沿岸域湿地、内陸湿地、人工湿地の三区分に該当する湿地が、先にあげた種の保存法、鳥獣法、自然公園法などの国内法の保護地域指定の制度を用いて保護されている。現在、日本国内では 52 ヵ所が登録されている。

こうした指定に日本の自治体が積極的になる理由は、観光資源の目玉となるからである。社会経済的な観点から、自然地域の生態系サービスを活用して国の内外から観光客を誘致できる。それは人口減少時代の地域経済にとっては非常に重要な意味を持つ。また、そのことによってはじめてマネジメントの実行体制を整備し、維持していくことが可能となる。この点で、第 5 章サル（5.4 節、p.113）のところで紹介した野猿公苑は先行モデルであったかもしれない。そして第 6 章クマ（6.9 節～ 6.10 節、p.141 ～ p.144）のところで紹介した危機的地域個体群の保護の戦略としても、おおいに期待するところである。

10.8　防災・減災のための保護地域

Eco-DRR（Ecosystem-based-disaster risk reduction）という考え方がある。日本語では「生態系を基盤とした防災・減災」と翻訳されて、大規模な自然災害が増え出した今世紀のはじめ頃から、IUCN の専門家チームの間で生態系サービスの一つとして使われるようになった概念である。環境省のウェブページには「生態系を活用した防災・減災に関する考え方（2016：平成 28 年）」という、専門家による検討チームの報告書も公表されている。野生動物の分布拡大に伴うトラブルの多発を一つの災害としてとらえるなら、本書で書いてきた内容は、まさに Eco-DRR の概念に当てはまるだろう。

この章で紹介してきた保護地域を、防災・減災機能として活かそうとする考え方も提案されており、それが IUCN と日本の環境省が 2015 年に作成した『保護地域を活用した防災・減災 ── 実務者向けハンドブック』である。ここには地球環境が大きく変動する時代を人類が生き延びるための知恵や技術が結集されている。国連大学の『世界リスク報告書 2016 年版』によれば日本は世界 17 位という災害大国である。かつ人口減少時代に向かう中で非常に重要な指南書となっている。

社会がこれまでに意図して残してきた自然生態系を保護地域として、その防災・減災機能を各種の災害対策に活用できれば、その存続に向けた管理体制の骨格はできあがっているのだから、より低コストで、スピーディに体制を整えられる（表 10.2）。こうした資料に見られる根本思想を拾い出してみるなら、たとえば、国連に設置された国連防災戦略事務局が 2004 年に出した国連国際防災戦略（ISDR）には、次のように書かれている（下線は筆者による）。

> 厳密には、自然災害（natural disaster）などというものはなく、サイクロンや地震などの危険な自然現象（ハザード）があって、（略）その影響が地域コミュニティに及んだ時、災害が発生する。（略）これは言い換えれば、災害の影響は地域コミュニティの危険な自然現象に対する脆弱性の度合いによって決まるということである。この脆弱性は自然ではない。災害の人的側面であり、人々の生活を形作り、その住環境を創出するあらゆる経済、社会、文化、制度、政治、そして心理的要素が作用した結果である。

人類が挑戦すべき防災・減災とは、危険な自然現象の発生可能性の低減も大事だが（これは通常、不可能なことが多い）、まずは、危険な自然現象が発生した場合に、これに対して最善の策をとることができる社会、環境、生計手段、生活スタイルの設計を重視することだと書かれている。この言葉は、自然災害とも言える新型コロナ禍にあって、対策に追われる現在の世界の混沌を眺めていると、実に説得力を持って響いてくる。さらに、本書のテーマである野生動物に関するさまざまなリスクを災害としてとらえれば、そのまま当てはまる。

表10.2　危険な自然現象、生態系サービス、保護地域の関連性

<table>
<tr><th>危険な自然現象</th><th>生態系サービス・危険な自然現象の予防</th><th>保護地域の役割</th></tr>
<tr><td rowspan="3">洪水</td><td>・自然の湿地による一時的な貯水機能
・水流の調整</td><td>・自然の氾濫原の保護
・自然の河川水の流下パターンの回復
・受け皿機能、滞水機能を発揮する湿地や沼地の保護</td></tr>
<tr><td>・水路沿いや急斜面上の林地の緩衝効果</td><td>・河口や山の森林保護
・劣化した森林の再生による吸水力の改善</td></tr>
<tr><td>・洪水リスクの高い地域への居住制限</td><td>・洪水制御システムの維持管理のためのゾーニングの導入（カテゴリーV保護地域）</td></tr>
<tr><td rowspan="2">干ばつ、砂漠化、砂嵐</td><td>・自然植生と干ばつに強い植物の維持を通じて、土壌の浸食を遅らせ、砂漠化を防ぎ、放牧の可能性を保つ</td><td>・自然植生の保護
・必要に応じた自然再生
・景観保護地域内での持続可能な放牧システムについての合意</td></tr>
<tr><td>・食糧、家畜飼料の緊急調達源となる</td><td>・干ばつリスクの高い地域の自然林の保護
・必要に応じた自然再生
・保護地域内での持続可能な利用に関する合意</td></tr>
<tr><td>台風、ハリケーン、津波</td><td>・暴風雨や高潮に対する物理的な防御</td><td>・サンゴ礁、砂丘、防波島、マングローブ、海岸湿地、海岸林、内陸林の保護</td></tr>
<tr><td>海面上昇</td><td>・海面上昇に対する物理的な防御</td><td>・沿岸生態系の保護、積極的な管理、必要に応じた移植</td></tr>
<tr><td>雪崩、地滑り、地震</td><td>・森林により、雪崩と表層地滑りの発生可能性と影響を低減する</td><td>・高リスク地域の斜面の森林の保護、必要に応じた自然再生</td></tr>
<tr><td rowspan="2">森林火災</td><td>・原生林の維持による火災の緩衝</td><td>・火災リスクが低い地域の原生林の保護</td></tr>
<tr><td>・火災リスクの高い地域の管理</td><td>・計画的な火入れ、火災予防訓練、防火法規の導入</td></tr>
<tr><td>火山噴火</td><td>・火山噴火時に溶岩流を減速させる</td><td>・活火山斜面の森林の維持管理</td></tr>
</table>

出典：ナイジェル・ダドリー、カミーユ・ビュイック、古田尚也、クレア・ペドロ、ファブリス・レナウド、カレン・スドマイヤー＝リュー（2015）『保護地域を活用した防災・減災：実務者向けハンドブック』環境省、IUCN

第11章

棲み分け論

11.1　問題の抑止

生物多様性条約に加盟したことで、野生動物をマネジメントする目的は三つになった。一つは、野生動物がもたらす被害のリスクを抑制して、できれば取り除くこと。二つ目は、野生動物そのものの絶滅を回避すること。もう一つは、生物多様性の劣化や消滅を回避することである。ようやく自然保護の意義が社会的に認知されたとはいえ、これらの目的を並行して成立させていくことはなかなかにむずかしい。

たとえば、シカは日本の生物多様性の代表的な存在であるけれど、日本の生物多様性の核心部分にダメージを与えるという理由で、密度の高まりを抑え込まなくてはならなくなった。あるいは、生物多様性保全のために必要だと考えられてきたエコロジカル・ネットワークや、都市や郊外に残された緑地を保全する議論は、アライグマのような外来動物や大型野生動物の侵入を許してしまうことに配慮が必要になった。この悩ましい命題を前に、何が正しい選択であるかということは、そのつど、じっくり考えながら進まないといけない。

本章では、野生動物による人への直接的な被害を減らすための具体的な方法について考えてみた。そこに、できるだけ不要な殺生を抑制し、効率の良い実行体制によって予算も絞り込む。そんなメリットも添えるなら、それは棲み分けしかないだろう。人と野生動物の活動空間をできるだけ切り分けて、両者の遭遇頻度を下げたなら、被害の発生頻度も下がるという単純な筋書きである。それは昭和の末期まで達成されていたことなので、現代社会でも不可能なはずはない。それを困難にしている理由は、ほんの半世紀ほどのうちに、両者を分けていた最前線の空間で人の活動が衰退してしまったという、あくまで人間の側の現象に基づいている。

おまけに野生動物による人への警戒心が薄れたことが問題をいっそうやっかいにしている。完璧なシシ垣を延々と復活させるのはたいへんなことだ。たとえそれができたとしても、人への警戒心を失った動物は、わずかな隙をついて図々しく入り込んでくる。警戒心を持つ動物なら姿を隠せる藪をたよりに侵入してくるので、そうした空間要素を取り除けば問題の解決につながっていくはずだった。しかし、彼らの脳裏に人間は危険ではないとインプットされたとたん、環境構造を改善したところで効果はなくなる。たとえ追いまわされても、馴れた空間の中を逃げまわるだけのことだ。そして人馴れを習慣化した母親が連れてまわる子供たちは、生まれた時から人の空間を恐れなくなって、人馴れの連鎖が始まる。

こうした相手と対峙するには、野生動物の記憶の中に人に対する警戒心を生み出すことから始める必要がある。その効果を発揮できるおそらく唯一の方法が狩猟であり、あるいは類似した行為である。動物としての人間の根源的な立ち位置に戻るということだ。猟犬に追われ、銃の音におびえる経験が重なってはじめて警戒心が生まれる。近代を通して活発な狩猟活動があった頃は、ときに大胆な個体が出てきても、すぐに獲って食われてしまったので、警戒心の強い個体が選択的に生き残ってきたはずだ。その関係はお互いのためでもあっただろう。野生動物が無防備に人前に出てくるほど駆除数は無制限に増え続けるものだ。それは互いに不幸である。

11.2　野生動物による被害の実態

なぜ彼らと距離を置く必要があるのかということは、社会として認識を共有しておく必要がある。これは美しく囀(さえず)る野鳥の話ではない。彼らでさえ、もし鳥インフルエンザに感染していたら困ったことになる。

田畑の作物は山の果実よりも栄養価が高い。しかも、毎年、確実に手に入る。野生動物は厳しい冬を生き抜くための栄養の蓄積が必要だから、どの季節にどこに行けばうまいものが得られるかということを学習したなら、駆除の危険を承知で次々とやってくる。警戒心が薄れるほど、人の生活空間に大胆に入り込んでくる。街中のごみ集積所には定期的に栄養価の高い食物が置いてある。庭にはシカやカモシカの好む植物が茂り、家庭菜園では実をつける作物まで植わっている。神戸の市街の真ん中では、コンビニの前に潜んでいたイノシシが買い物袋を奪い、指を食いちぎる事故まで発生している。中型動物なら、ちょっとした隙間から屋根裏に入り込んで暖かい冬と出産期の安全を確保する。

地域によっては、クマが家に上がり込んで冷蔵庫をあけ、サルが仏壇の供え物を奪う。観光地で餌をもらうことに馴れたサルは、平然と土産物屋の菓子折りを奪っていく。イノシシ、クマ、シカといった大型野生動物による人身事故は目立って増えており、少しずつ死亡件数も増えている。道に飛び出した大型動物にぶつかれば、車は大破し、二次的に大事故につながる。山間部を走る鉄道ではシカやイノシシが電車とぶつかって、ダイヤの乱れが頻繁になっている。

コロナ禍であろうが、初夏から晩秋まで毎年のように大型野生動物が街中に現れて、役場、警察、消防の人たち、高齢の猟師まで参加して、大捕り物が展開される。そんなニュース報道が増えた。銃の発砲ができない市街地で、クマ、イノシシ、あるいは角を持つオスジカのような危険動物に対して、刺股（さすまた）、警棒、網などを持って追いかけまわすさまは、緊急事態とはいえあまりに無防備で、いつ死亡事故が起きても不思議ではない。

11.3　人獣共通感染症というリスク

野生動物が日常的に人間の生活空間に入り込んでくるようになったら、最も警戒すべきは人獣共通感染症である。野生動物から、家畜、ペット、さらに人へとウィルスが感染していく。これらは国立感染症研究所のウェブページの集計が示すとおり確実に増えている。人獣共通感染症は確認されているだけで約150種もあり、このうち約50種はすでに日本国内で確認されている。

新型コロナウイルス（COVID-19）で身近な話題となったが、感染症パンデミックの大元は、世界各地の森林の切り開きによって、未知のウィルスと人との接触機会が増えたことによると考えられている。そして、人や物が地球上を活発に移動するグローバル社会が、ウィルスを急速に世界中に拡散させていくことにも思い知らされている。さらに、温暖化によってシベリアのツンドラ地帯の永久凍土が融けて、その中から何万年も前の未知のウィルスが発見されたことも新たな脅威となっている。

日本国内でじわじわと広がりを見せている感染症の一つに、第 4 章イノシシ（4.10 節、p.99）のところで触れた重症熱性血小板減少症候群（SFTS）がある。野生動物の体についてくるダニがウィルスの運び屋となり、散歩の途中でペットにとりつけばペットが感染し、人がペットと口移しにじゃれあえば、ウィルスは人体に入り込む。発症すれば高い確率で死亡する狂犬病も、野生動物、ペット、人へと感染するものだ。国内で分布を拡大して東京 23 区内ですら定着を始めている外来動物のアライグマが、この狂犬病ウィルスを拡散する可能性も指摘されている。

畜産業界に大きな痛手となる感染症もいくつかある。2020 年から日本各地で広がりを見せている高病原性鳥インフルエンザは、海を渡る野鳥が運んでくると考えられており、死亡した野鳥や家禽で感染が確認されるたびに養鶏場で粛々と殺処分が行われて、その数は 2021 年で 987 万羽を越えた。このウィルスは変異して人に感染することがロシアで確認されており、いっそう警戒が必要になってきた。

一方、人には感染しないものの、日本では根絶したはずの豚熱（ぶたねつ）（CSF、トンコレラ）が 2018 年に再び発症して各地に広がったために、2021 年には 19 万頭以上の豚が殺処分されている。これらは畜産肉の価格高騰につながるので、私たちの日常生活とも無関係ではない。こうした家禽や家畜の大量の殺処分に携わる者のメンタルにも大きなダメージを与えるものだ。おまけにワクチンが未開発のアフリカ豚熱の感染が大陸で広がっていることから、日本への侵入に警戒を解くことができない。

11.4　人口の動向

近代以後の 140 年で急増してきた日本の人口は 2008 年をピークに減少に転じた。今では子供の出生率が下がり（少子化）、高齢者の割合が増加（高齢化）しながら、人口全体が減少する段階に入っている。年齢階層別に見れば、2015 年から 2050 年にかけて、高齢人口（65 歳以上）が 454 万人増加するのに対し、生産年齢人口（15 歳以上 65 歳未満）は 2,453 万人も減少して、さらに若齢人口（15 歳未満）が 518 万人も減少するとの予測がある。その結果、高齢化率は約 27% から約 38% へと上昇するとのことだ。

もちろん、この予測には疑問が残る。人生百年とうたう長寿命社会のイメージは、困窮する戦争の時代を生き抜いた人々が頑強なせいで、90歳を越えてなお平均寿命を押し上げているせいだろう。この先の人々はそんなに長寿だろうか。私自身も前期高齢者の仲間入りをしたが、高度経済成長と公害の時代を通してさまざまな化学物質を体内に取り込んできた世代である。直観にすぎないが、なんらか生物学的な負荷がかかってきたことはアレルギー持ちが多いことから想像される。おまけに子や孫の世代には我々以上にアレルギー持ちが多く、ぜんそく、アトピー性皮膚炎、アレルギー性鼻炎、アレルギー性結膜炎、食物アレルギー、アナフィラキシーと、種類も増えている。因果関係はわからないが、果たして、これからの人間はどれほど長生きをするだろう。

また、社会条件にもさまざまな問題が浮上している。所得格差が広がり、日本の貧困率（相対的貧困率）は2016年に世界14番目の15.7%となり、7人に1人の子供が貧困状態にあるという。また、中高年のひきこもりが60万人を超え、不登校の小中学校の児童数も40万人を超えている。さまざまな部分で格差やひずみが広がる中で、将来に富をつかみ、技術革新と高度医療を手にして延命できる人間など限られている。政府のかかげる人生百年構想にうきうきと踊っていられるほど、未来に安らぎを感じる人がどれほどいるだろう。

さらに言えば、地球温暖化に伴う豪雨、土砂災害、地震、津波、火山噴火など、高い確率で予測される大規模な災害は、確実にこの国の、とくに高齢人口の減少を速めるに違いない。新型コロナに続いて次々に登場するであろう未知の感染症によっても人は減る。おまけに福島県の原発事故も片づかず、核廃棄物処理の方法も未解決のまま、なお老朽化した原子力発電所を再稼働させるというのだから、無責任きわまりない政治選択である。このままいけば日本人の寿命は縮まる可能性のほうが高いだろう。

きっと、人生百年とうそぶきながら長く働かせて年金受給を減らすこと、高齢者には早く消えてもらうこと、このセットこそ為政者の真のねらいだろう……なんて、あらぬ妄想を抱いてしまう。いやはや、こんな世の中に長生きなんぞしたくはねぇもんだ。そんな気分におちいったなら、すでに術にはまっている。人は動物として、生態系の一員として、自然に与えられた寿命をまっとうできれば十分である。

11.5　人口分布の偏り

2050年には全国の居住地域の約半数で人口が50%以下に減少し、人口の増加が見られる地域は都市部や沖縄県など一部の地域に限られるとの予測がある。それは不幸な予測というわけではない。人が各地に分散して暮らし、高い人口密度から解放されたら、少しはストレスが減るだろう。そんな将来像にどのようにつなげていくかということが、これからの最大の課題である。

現時点で国が主導するコンパクトシティ構想は、行政サービス提供の効率性から、人には集まってもらう方向で将来ビジョンを描いている。しかし、細かく所有権が細分化された日本の土地利用の実態からすると、簡単に理想へと移行できるものではなさそうだ。高齢化によって集落が消え、大規模災害によって移動を強いられ、あるいは外国人も含めた次世代の移入を期待しつつ、新たなコミュニティの発生を待つのだろう。

たとえば､東京をはじめとする主要都市への一極集中が修正できないことは、どうにも悩ましい問題である。しかし、一極集中の暮らしはリスクが大きい。昭和時代に都会に集まった人々はすでに高齢化して、その社会的負荷が増えている。大都市ならではのインフラの老朽化も進行中だ。それらの改善は生産年齢世代の税金でカバーすることになる。おまけに温暖化による酷暑の夏、海面上昇による沿岸域の水没リスク、首都直下地震や南海トラフ地震の発生確率は30年以内に70～80%。そんなリスクの高い場所に、果たしてこれからの若い世代が移り住むだろうか。

労働市場も分散していく。グローバルなネット社会に移行する時代に、災害リスクの高い場所に会社や工場を置くのは馬鹿げたことだ。気候変動によって世界中で不足する食料を生産するために、日本でも農業を活発にして労働力を呼び寄せなくてはならない。また、生産林であっても自然林であっても森林管理のための労働力を必要とする。自然を相手にした観光産業においても必要となる。さらに各地で災害が発生するたびに復旧事業が労働力を必要とする。人が移動すれば、エネルギー生産も、廃棄物処理も、サービス産業も移動していく。こうした新たな労働の場が活発になるほど、人と野生動物の棲み分けに必要なマネジメントの必要が高まり、そこにも労働力が必要となる。

おそらく、よほどの出来事が起きないかぎり、人間は状況を切り替えることなどできないものだ。不幸中の幸いというべきか、新型コロナによって過密な都会生活を避ける傾向がでてきた。テレワークが普及し、業種にもよるが会社への出勤が簡略化されようとしている。すでに田舎への人の移住も少しずつ活発化している。そんな選択をした人々はどんな空間に生活拠点を置くだろう。国に牽引(けんいん)されたコンパクトシティや小さな拠点に指定された場所には、役場機能、保育園、学校、医療、警察、消防、さらには、コンパクトなエネルギー供給システムや廃棄物の循環システム、といった日常生活に必要な基本的な社会インフラが集まってくる。そうした場所にコミュニティが再生されていくのだろう。

もちろん、新たな農業が展開される空間や、その背景の山間部でも、閑静な環境を求める人びとが移り住むかもしれない。あと数十年もすれば車が空を飛び、流通の主流もドローンになれば不便さは軽減されていく。むしろ適度な不便さこそ人間らしい生活を取り戻せるというものだ。いまさら危険の発生確率の高い首都に集まって密に暮らす必要はない。

新たな時代の暮らしはSDGsを意識していかざるをえないのだから、持続可能な社会のありようとして人口減少は悪いことではない。新型コロナ禍をきっかけに東京一極集中を避け、人々が広く国内に分散して、さらにコミュニティの中で世代も分散したなら、それぞれの世代なりに、体力、技、知恵、経験、を提供して、元気の続く適度な年齢で生を終えることができれば、動物としての人間の自然な姿である。

11.6　空間構造の変化

戦後復興と高度経済成長の時代に、インフラの全国普及を目指し、交通網を張り巡らし、都市的拠点を拡散させてきた。鉄道駅を中心に発展してきた都市機能は、自動車の普及によって、まとまりなく郊外へと拡散した。この現象をスプロール化と呼ぶ。そして半世紀を経て、過疎という形で中山間地域から始まった人口減少が日本全体に広がった。今では郊外に野放図に広がった市街地から人の活力が失せ、小さな土地の単位で耕作放棄地が増加し、放置された建物や空き家に藪や竹が茂っている。平地の少ない日本の土地は、地権者が小規模に土地を所有する細かいモザイク構造となっている。その結果、人が撤退すれば放置された土地が虫食い的に発生する。こうした小さな孔隙が空いていく現象は、その構造からスポンジ化と呼ばれている。

空き家は近年全国的に増加し、特に「賃貸用又は売却用の住宅等（462万戸）」を除いた「その他の住宅（349万戸）」がこの15年で約1.6倍に増加しているという。耕作放棄地の面積も増加して、農林業センサスによれば平成27年（2015年）には423,000haとなって、その後も増え続けている。国土交通省が全国の市区町村に実施した「必要な管理がされていない土地に関するアンケート調査」（平成29年11-12月国土交通省国土政策局実施）によれば、農地・森林については約4割、宅地については約2割の市区町村が、「土地が放置されている地区がある」と回答しており、そのことによる主な不利益として、①鳥獣被害・虫害・雑草の繁茂、②景観の悪化、③災害のリスク、④不法投棄・防犯、⑤環境の悪化等があげられている。この筆頭に鳥獣害があがっていることに注目すべきだろう。

現場の住民はすでに困っている。人口減少によって人の活力が失われ、撤退とともに環境構造が変化してきたことが原因の一つであることは間違いない。人が撤退したら動物も植物も入り込んでくる。それは文字通り自然な成り行きというものだ。

11.7　棲み分けの空間イメージ

ここから先は、野生動物が持ち込む被害のリスクと棲み分けるための方法について考える。国が掲げるコンパクトシティ構想では、人々に集まって暮らしてもらい、インフラや行政サービスを集中的に提供するほうが効率がよいと考えている。まずは、その集まって生活する場所に野生動物の被害のリスクを侵入させないことが要点であるから、そこに予防機能をセットしなくてはならない。新たな世代は危険や不安の残る場所には来てくれない。人身事故や感染症のことを考えればリスクを持ち込む野生動物は災害と同じである。その防災・減災を考えるなら、棲み分けの達成された空間を用意しなくてはならない。

第一にするべきことは、排除すべき空間を明確にして、あらかじめ侵入を阻止するための環境を整備しておくことである。それでも侵入してくるのは人馴れの進んだ個体であるから、確実に捕獲して排除する。コミュニティの周辺では人馴れを回避するために威嚇効果を持つ捕獲行為を継続する。これらの機能をそれぞれの生活拠点に、どのような技術で、またどのような体制で配置するかということが、どの自治体でも必須の課題となってくる。

棲み分けの空間イメージは、先の第 9 章の図 9.1（p.178）のようになる。まずはコンパクトシティや小さな拠点を明確にして、そこを排除地域とする。そこに侵入した野生動物は見つけしだい捕獲して､確実に被害リスクを排除する。さらに、排除地域への侵入を予防的に阻止するために周囲をバッファゾーンとする。

バッファゾーンでは、活発な農業を展開して広く見通せる農地を確保しておくほうが、心理的にも物理的にも野生動物の侵入を阻むうえで効果が高い。また、耕作放棄地などに放置された藪は確実に取り除いて侵入ルートの形成を阻む。田畑や果樹園などの作物は野生動物を誘引するので、その位置はできるだけ森林や藪から遠ざける。森林との間には意図してオープンな空間を確保する。たとえば間に道路を配置して、その道に沿って柵を設置して野生動物の侵入を防ぐといった手段もあるだろう。どのような空間構造であっても農地にうまい食物があることを学習させないことがポイントだ。とにかくバッファゾーンでは人の活動を活発にするほど野生動物は警戒する。農業にかぎらず､エネルギー生産、廃棄物の再利用など､持続可能な社会に欠かせないインフラを配置して､そこに働く人の出入りを高める工夫をしたほうがよい。

バッファゾーンの外側の平地と山地が接する付近をバリアゾーンとする。そこでは森林管理、林業生産、観光産業も含めて、里山だからこそ可能な自然に関係する産業を活発にして、野生動物を寄せつけないよう常に環境に手を入れる。もしそこに線的な連続性のある高速道路や鉄道があったなら、生物の移動路としての緑の回廊（コリドー）とは逆の発想で、野生動物の侵入を阻止する障壁として機能させるように構造や配置を工夫する。バリアゾーンに現代版シシ垣を再構築するということだ。

山間部から平野部へと流れ出る川や道の出入り口は柵の設置が困難で、そこに隙ができる。当然、野生動物はそこから侵入してくるものだ。道路ならばたとえば自動開閉式のゲートを設けたらよいが、河川をまたぐ柵では下をくぐれば侵入できる。小さな川ならカルバートを入れて、その上を埋めて柵を設置することが可能かもしれないが、大きな河川ではそれも不可能だ。柵に沿って罠(わな)を設置して移動してくる個体を捕獲するとか、近辺で、随時、騒々しい捕獲を行うことで忌避効果を狙うという工夫もあるかもしれない。あるいは、監視カメラ搭載の AI 機器を駆使して、ドローンを出動させて近づく動物を山側に追払うことができれば理想的だ。そんな機器の開発に期待したい。

たとえば、山から平地に流れ出る川の河川敷や土手は、植物が繁茂して山の森林とつながらないように刈り払って、常に姿を隠せる緑の連続性を遮断しておく。毎年の刈り払いが困難であるなら、そこの部分だけコンクリート護岸にしてしまうほうがよい場所もあるかもしれない。もちろん、地域の景観や生物多様性保全に配慮することが前提である。

11.8　各ゾーンにセットする管理捕獲

各ゾーンに野生動物を排除するための空間構造を生み出しつつ、ゾーンの目的に合致するよう、第 9 章で提案した職猟者による管理捕獲の機能をセットしておく。

排除地域やバッファゾーンは、市街地、住宅、建物、公道、あるいは人の活動する農耕地が主となるので、銃の発砲が制限される可能性が高く、麻酔銃や罠を使うことになる。しかし、ここまで侵入してくるのは人馴れの進んだ個体であるから、リスクを排除するために確実に捕獲する。外周のバリアゾーンでは、警戒心を醸成して追払い効果を維持するために、猟犬と猟銃を使った捕獲を不定期に実施する。人への警戒心を植え付けるにはこの騒々しい捕獲がもっとも効果的だ。

その奥の森林は野生動物の安定した生息地であるから、必要な林業生産と自然度の高い森林生態系を維持するための総合的な森林管理を行う。その際、植生に影響を与えるシカの密度の管理は継続していかなくてはならないので、モニタリングに基づく科学的な特定計画に沿って、職猟者による管理捕獲を実施していく。

日本の急峻な山間部でのシカの捕獲のために、これまで地域の伝統的猟法に加えて、行政主導で技術開発が続けられてきた。複数の射手が囲む空間に、猟犬を使ってシカやイノシシを追い出して銃で仕留める巻狩りは、西日本で広く行われてきた方法である。その場所の植生保護の観点からは、一時的に攪乱によってシカを遠ざける効果が期待される。しかし、しばらくすると警戒心が強まって獲れなくなるので、場所を替えたり時間を置いたりする。

もし、個体数を減らすために、特定の場所で継続して獲り続けることを意図する場合は、伐開跡地などに誘引されてくるシカを、欧米でハイ・シート（図11.1）と呼ばれる櫓（やぐら）の上から撃つとか、シャープ・シューティングと呼ばれる狙撃によって静かに粛々と獲っていく。あるいは、単独で獲物に近づいて仕留める忍び猟という伝統的な方法もある。これらはいずれもスペシャルな技術を必要とするので、第９章で提案した新生猟区を技術習得の場所にする。その機会を失ってしまったら元も子もない。

植生保護の必要性が高く、ある時期、シカの密度を抑制しなくてはならないような場所では、追いまわして植生を踏み荒らしては意味がないが、シカが警戒して避けるくらいの方法のほうが目的に対しては有効である。また、森林内では他の動物種を誤捕獲してしまう可能性のある罠は、放獣する技術や余力がないかぎり用いるべきではない。こうしたことはプロの職猟者であれば、現場の地理的条件に応じて、適宜、判断して確実に遂行していくことができる。そういう職業人を育てて配置していくことを目指す。

なかには棲み分けというより、自然と同所的に暮らすことを選択する人もいるだろう。その場合は、あらかじめ野生動物の被害のリスクと背中合わせに生きる生活技術を身に着けてもらう必要がある。この先の社会は、野生動物の棲むゾーンに好んで暮らす人の獣害対策までケアする余力は失われてしまうだろう。

山間部で個別に暮らす人は、生活拠点に野生動物が侵入することを防ぐために、自ら柵で囲み、職猟免許を取得して自警団的に捕獲を行う必要が出てくる。ただしその場合も、捕獲は自治体の計画に沿って行うことが前提である。そうでなければマネジメントの科学性がそがれてしまう。すべては鳥獣法のマネジメント計画の方針に基づいて実行する。それだけは地域の生物多様性保全や被害の抑制につなげていくために譲ってはいけない。

図 11.1　ドイツの国有林で用いられているハイ・シート。ここに潜んで近づいたシカを撃つ。椅子だけのものや、防寒用の小屋付きのものなど、さまざまに工夫されている（ドイツ・チュービンゲン）

11.9　土地利用に関する法制度

棲み分けを生み出す機能とその配置のイメージは、素早く実社会において具体化していかなくては意味がない。人の空間的な撤退は、10年、20年、あるいはもっと先の半世紀も続くかもしれないが、その変化のプロセスに合わせて野生動物と棲み分けていかなくてはならないのだから、やっかいである。そこで人の撤退のプロセスの実際に焦点を当ててみる。

人の移動は土地利用に関する一連の法律と各種計画に基づいて管理されている。国土の利用に関する法制度の体系は図11.2のとおりである。国土形成計画法に基づいて作られる国土形成の基本方針を示す国土形成計画（全国計画、広域地方計画）と、セットで作られる国土利用計画法に基づく国土利用計画（全国計画、都道府県計画、市町村計画）がある。さらに全都道府県が作成する土地利用基本計画がある。

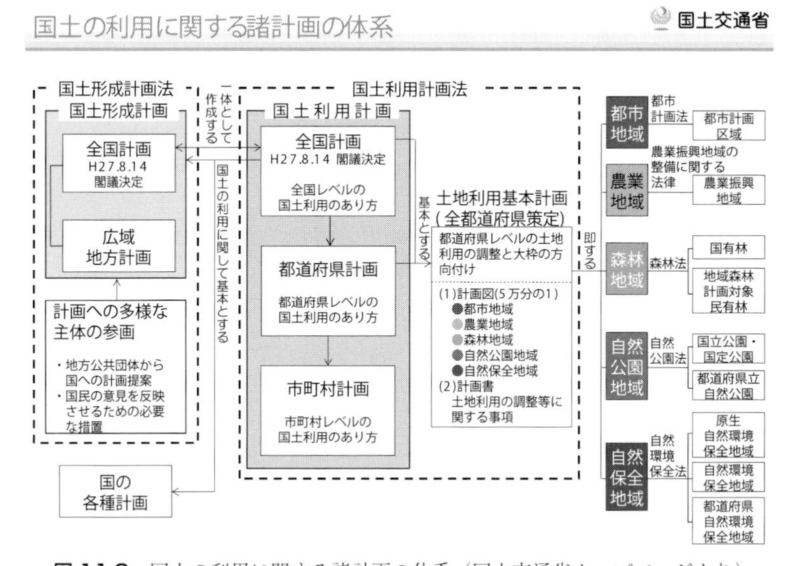

図11.2　国土の利用に関する諸計画の体系（国土交通省ウェブページより）

国土形成計画法とは、戦後すぐの1950年（昭和25年）に作られた国土総合開発法が元であり、国土の均衡ある発展を目指して、およそ10年ごとに全総と呼ばれた全国総合開発計画を改定しながら、全国にインフラを整備して、戦後の高度経済成長を支えてきた。その目的は昭和の終焉とともに変化して、1998年（平成10年）の第五次全総「21世紀の国土のグランドデザイン ―― 地域の自立の促進と美しい国土の創造」をもって終了した。その後は開発中心の昭和時代から環境の時代へと変化する社会の要請に応えるために、2005年（平成17年）に「国土形成計画法」へと切り替えられた。

この法律に基づく「全国計画」は、総合的な国土の形成に関する施策の基本指針である。環境基本計画と調和を保ちつつ、2050年までの長期的視野にたって、おおむね10年ごとに作成されるものだ。そして全国計画とあわせて「広域地方計画」が作成される。これは北海道と沖縄県を除く全国を、都府県を越えて共通する要素を持つ八つの区域に分け、一体的、総合的な国土形成の指針が描かれている。直近の全国計画は2015年（平成27年）8月閣議決定による第二次計画であり、それを受けて翌年3月閣議決定で広域地方計画も策定されている。その目標年次は2025年である。

一方、1974年（昭和49年）に公布された国土利用計画法は、国土形成計画の方針に沿って、国土を総合的かつ計画的に利用するための、土地取引に関する事項を規定した法律である。この法律に基づいて作られる国土利用計画、土地利用基本計画は、国土形成計画に対応している。このうち土地利用基本計画には、五つの地域区分のそれぞれに方針が設定されて、それぞれ、都市地域については都市計画法、農業地域では農業振興地域の整備に関する法律、森林地域では森林法、自然公園地域では自然公園法、自然保全地域では自然環境保全法が機能しており、土地利用基本計画はそれらを調整する位置づけにある。

さて、こうした法制度を俯瞰すると、先に示した、野生動物と棲み分けるゾーン区分は、すでに法的に明確に定められていることがわかる。たとえば排除ゾーンには、主として都市地域が該当する。そして都市地域の一部と農業地域がバッファゾーンにあたる。バリアゾーンは森林地域と農業地域の境界部分ととらえたらよい。そして、野生動物の生存を保障する空間は、森林地域、自然公園地域、自然保全地域ということになる。

11.10　コンパクトシティへの移行

これらの地域区分は昭和の時代の産物であり、現状は住民の高齢化と減少によってどんどん変化して、野生動物を追い返すゾーンの境界なんてものは崩れている。そんな人口減少の実態に対応させるために、現在の国土形成計画の基本構想では、キーワードとして「対流促進型国土」とか「多核連携型国土」の形成がかかげられ、中心課題は「コンパクト＋ネットワークへ」の移行である。

しかし、その移行は簡単なことではない。土地や家との結びつきの弱い若い世代であれば、生活の利便性や住みやすい環境条件を整えれば移り住んでくる可能性は高まるだろう。しかし、誰もが都会に出る昭和時代であってさえ、あえて地元に残る選択をして土地と強く結びついて生きてきた人々が、簡単に土地を離れられるはずもない。そして彼らの高齢化とともに、引き継ぎも不十分なまま土地が所有者を失っていく。全国に増加する空き家や不在地主の増加とは、こうした事態のことを指す。一方、頻発する大規模災害が、偶発的に、強制的に、人々の移動を余儀なくする。

こうした混沌とした状態からすみやかに脱却するために、国交省の所管する都市計画分野では、2002年（平成14年）に都市再生特別措置法を作り、さらに2014年（平成26年）には「立地適正化計画」が制度化された。これは、都市計画法を中心とする従来の土地利用の計画に加え、居住機能や都市機能を誘導することによって、コンパクトシティ形成に向けた取組の推進を意図したものである。これらの法制度の説明資料は国交省のウェブページにたくさん掲載されており、災害のハザードマップなどをベースに人の居住地の移転などを支援する方針や、それを支える特別措置や税制などの制度が説明されている。また、市町村の抱える課題は様々であることを踏まえて、市町村が自ら課題を抽出できるようなノウハウを示す「立地適正化の手引き」まで公開されている。

しかしながら、そこには野生動物の市街地への侵入に関する課題や、問題解決に向けた環境整備の提案は見つからない。すでに書いてきたように、野生動物の被害リスクは各種の自然災害に匹敵する。彼らとの棲み分けは今後の社会の欠かせない課題であり、その予防体制の整備はインフラとしてとらえないといけない。知らないうちに猟師が裏山で獲ってくれていた時代はとっくに終わっていることを理解して、野生動物を排除する空間を社会が計画的に創り上げて、予防的な環境を整備し、新たな捕獲体制を配置して、税を投入しながら対処していかなくてはならない。そうでなければ新たなコミュニティの未来に禍根を残す。

これらの制度に関する資料を読むと、たとえば「所有者が自ら跡地等を適正に管理することが困難な場合、市町村又は都市再生推進法人等は、跡地等管理区域内で所有者等と管理協定を締結して当該跡地等の管理を行うことができる」という「跡地等管理協定」の制度がある。あるいは、空き地や空き家等の発生は地権者の利用動機の乏しさによることから、地域コミュニティが自ら考えて、身の回りの公共空間「現代のコモンズ」を創出することも提案されている。

たとえば、それが都市機能や居住を誘導すべき区域なら、空き地や空き家を活用して、交流広場、コミュニティ施設、防犯灯など、地域コミュニティやまちづくり団体が共同で整備・管理するような空間・施設（コモンズ）として、それを安定的に運営するために、地権者合意による「立地誘導促進施設協定（通称：コモンズ協定）」を創設するといった、制度の整備が進んでいる。これらの制度は、まさに野生動物の侵入を阻むためにも欠かせない議論である。

「立地適正化計画」が制度化された 2014 年（平成 26 年）の同時期に「まち・ひと・しごと創生総合戦略」が閣議決定されており、省庁が連携して問題解決に向けた支援をする「コンパクトシティ形成支援チーム」が設置されている。ここには環境省も含まれている。鳥獣法を所管する官庁としては、この機会を通して、野生動物が持ち込む被害のリスクを予防するための環境整備や捕獲機能の配置についてアイデアを提案し、他の関係機関と調整し、自治体をリードする役割が果たされるべきだろう。先にも書いたが、住民のもっとも関心の高い項目は獣害問題である。そのことから目をそむけているわけにはいかない。

11.11　棲み分けの実行体制

新たに生み出される都市計画によって区分される土地には、野生動物と棲み分けるために必要な、環境整備、柵の設置、捕獲、の三つの機能を効果的に配置しないといけない。その実行体制とはどんなものだろう。環境の整備や柵の設置に関する技術者なら、農林業、造園、土木、建築といった分野で維持されていくだろう。また、捕獲の技術者は、第 9 章で提案したとおり職猟免許を持つプロフェッショナルなチームによって維持する。そこに抜け落ちてしまいがちなことは、それらの機能を都市計画のどこにどのように配置するかということを企画提案する有能なコンサルティングにある。

被害対策の三つの防除機能は新しいものではない。農業が始まった頃からずっと人間が取り組んできたことだ。そして現代においても、環境省や農林水産省のウェブページを検索すれば、その解説資料が膨大に蓄積されている。また、その実行にむけた予算補助も強化されてきた。それでもなお問題は解決せず、むしろ野生動物の市街地への侵入頻度は増加している。その理由は、三つの機能が、空間的にも、時間的にも、ちぐはぐに実施されているからに他ならない。

相手は移動能力の高い大型野生動物であり、若い個体ほど未経験のフロンティアへと入り込もうとする。姿を隠せる藪が続くかぎり行けるところまで行ってみたい。そんな心の衝動を抑えきれないことによる。それこそが、動物が分布を拡大していく力の源泉である。それは、人間の若者が未開の地を求めるパイオニア的衝動と同じであるし、アフリカに始まり、樹の上から地上に降り立ち、地球全体に分布を拡大した人類という野生動物の心の衝動も同じであったに違いない。

捕獲が始まれば危険を避けて移動する。移動の途中で偶然にも栄養価の高いうまい物を食したら、いつ、どこに行けばそれを得られるということを学習していく。そして、なんとかしてそれを得るために、柵の隙間やほころびを見つけて潜り抜けようとする。近代以前なら、飢えと背中合わせに生死をかけて田畑を維持していた人々の、害獣などいつでも獲って食ってやるという強い意思と姿勢があった。そのことは延々と築かれたシシ垣の遺構からも読み取れる。

令和を迎えた現在､野生動物と向き合う人間の圧力は明らかに減衰している。人が撤退した場所から野生動物の分布が広がり、平然と都市部に侵入するようになった。競合他者の勢力が弱まれば相対する勢力が強くなる。自然界だろうが人間界だろうが生態系の中の生物の関係は同じである。人口減少が続く中、生物多様性保全を背負って生きる我々は、この事実を前提にして考えなくてはいけない。だからこそ、都市計画の段階で、野生動物の被害リスクとの棲み分けを総合的に考えるコーディネーターが必要となっている。それは自ずと生態系のマネジャーという発想につながっていくだろう。

あとがき

いつの頃からか、原稿を書くときは机の上に空き箱を積んで、その上にパソコンを置いて、立ってキーを打っています。これが腰にはとても良い。家の中を、冬は陽だまりを探して、夏は陽ざしを避けて、移動しながらもの書きをしているので、妻には猫のようだと言われます。それはエネルギーの節約にもつながるので、猫な暮らしはエコな暮らしです。我が家では猫と暮らした時間が二度ほどあって、いずれも長生きして往生しました。動物を飼うと心がうつるものです。コロナに席巻されて2年が経ち、ずっと家にこもっていると、いろいろな分野のアートに出会います。古い思考に固執して正しい選択ができていないと感じるときには、励みになります。

これを書いている現在、コロナウィルスCOVID-19は一時の小康状態にありますが、変異株による次の波がいつやってくるかと社会は戦々恐々としています。この感染症による世界の死者数は現時点で約500万人、日本では1万8千人を超えました。豪雨災害が当たり前になり、この夏はオリンピックより北海道の異常な高温が気になりました。不気味なことに日本の各地で頻繁に地震が発生するようになり、つい先ほども我が家が震度3で揺れました。こんな複合的な危機に対して日本の社会がいかに脆弱であるか、誰の目にも明らかです。人々は標的を見つけては怒りをぶつけ、ひたすら災禍が過ぎ去るのを待っていますが、それで問題が解決するはずもありません。危機の時代に入ったことを受け入れ、生き抜くための社会システムへと転換するしかありません。第10章の最後に紹介した国連国際防災戦略の、「自然災害などというものはない。危険な自然現象の影響はコミュニティの脆弱性の度合いによって決まる。この脆弱性は自然ではない」という言葉に真摯に耳を傾けたいものです。そこはかとなくストレスをためながら、自分の手の届く範囲で何ができるかと考える。誰かと同じように、私も、私のできることをする。そんな思いでこの本を書きました。

狩猟という行為は人間が自然の一員であることの証です。肉や皮を得るために、畑の作物の害を防ぐために、生きるために獲る。それはヒトという種の存続に欠かせない重要な生活技術であり、現代社会においてもなんら変わりはありません。しかし1970年代に50万人もいた狩猟免許の取得者は半世紀を経た現在では20万人をきり、銃を扱う猟師となると人口の0.1%にも満たない。そのわずかな技術の継承者すら老いて消えようとしています。高度経済成長の半世紀のうちに狩猟の社会的意義を忘れてしまったせいでしょう。21世紀になる頃には日本列島のあちこちで隠し切れない現実があふれ出し、今では大きなリスクとなって露出して、大型野生動物が市街地にあふれ、人獣共通感染症を持ち込んでいます。

人間社会に蔓延する貧困とか、差別とか、格差といった、精神を病むほどの悩ましい問題に比べれば、生物多様性保全や野生動物の問題を解くことなど、はるかに単純なことです。にもかかわらず問題が解決しない理由は何であるか。私は、昭和から令和にかけて半世紀ほども自然保護と向き合い、野生動物の仕事をしてきたのですが、原因は科学的情報が不足しているとか、猟師が減ったとか、そんな表面的なことではありません。時代の変化に応じて柔軟に軌道修正することのできない日本の社会の構造的な問題にあるようです。

野生動物や狩猟と身近に寄り添ってきた人々は昭和の意識の中で生きていますから、地域社会の構造転換を求めることは難しいことです。それでも人口が減少期に入り、経済が停滞し、その一方で驚異的な技術革新が次々と生み出される現実を理解すれば、社会の全体に構造転換が必要なことは明らかです。残念ながら、時代のパラダイムシフトはとうに動き出しているので、現代を生きる私たちにできることは、未来を生きる人々にとって、この転換が少しでも良い方向に転がるよう意識して舵を取ることくらいでしょう。

野生動物は護るべき生物多様性であり、害獣でもある。そんな相手をうまくマネジメントする仕組みを社会の基盤として整えておくことは、持続可能性を追求する時代には欠かせません。2013年末に開始された10年で個体数を半減させる「抜本的な鳥獣捕獲強化対策」の目標年が近づいています。偶然とはいえ、本書は次の施策を考える機会に間に合いました。なんらかの参考になれば幸いです。本書の出版を引き受け、尽力してくださった地人書館の塩坂比奈子さん、永山幸男さんに、感謝いたします。また、巻末にお名前を掲載させていただいた、快く写真を提供してくださった皆さんにも感謝します。その素晴らしいショットが簡単に撮影できるものではないことを知っているだけに、実に頭が下がります。そしてカバーイラストを描いてくださった中西のりこさんは、神奈川県のパンフレットの挿絵を拝見して、いつかお願いしたいと思っておりました。お忙しい中で新たに描きあげてくださったイラストは、本書の世界観をよく表現していただきました。ありがとうございました。

生物多様性条約に加盟した頃から日本の自然保護は揺らいでいます。生物多様性保全のためにシカや外来動物を大量に殺生する現実にどんな答えをもつのでしょう。気候変動やあふれるプラスチックの脅威を目の当たりにして、地球規模の環境保全の戦略論は年々充実していますが、国際的な取り決めがどんなに立派になっても、それで事足りるものではありません。その思想が私たちの日常の、身近な現場で具体性を持たなくては意味がない。そのことが放置されているかぎり、地球の温暖化は粛々と進み、生物多様性を護るどころか、人類はどんどんと危機の連鎖の渦に引き込まれていきます。地球環境が暴走し、技術革新が新たな悩みの種を生み出す時代を人々がたくましく生き抜いて、人間が自然とともに生きる動物であるとの自覚とともに、22世紀に到達することを祈ります。

2021年11月

羽澄俊裕

参考文献

第1章

網野善彦（2005）『日本の歴史をよみなおす（全）』《ちくま学芸文庫》筑摩書房.
江原絢子，石川尚子，東四柳祥子（2009）『日本食物史』吉川弘文館.
岡村道雄（2018）『縄文の列島文化』山川出版社.
梶島孝雄（2002）『資料 日本動物史』八坂書房.
川合禎次，川那部浩哉，水野信彦（編）（1980）『日本の淡水性生物 ── 侵略と攪乱の生態学』東海大学出版会.
鬼頭宏（2000）『人口から読む日本の歴史』《講談社学術文庫 1430》講談社.
久保井規夫（2007）『図説 食肉・狩猟の文化史 ── 殺生禁断から命を生かす文化へ』つげ書房新社.
コンラッド・タットマン（熊崎実訳）（1998）『日本人はどのように森をつくってきたのか』築地書館.
田家康（2013）『気候で読み解く日本の歴史 ── 異常気象との攻防 1400 年』日本経済新聞出版社.
塚本学（1993）『生類をめぐる政治 ── 元禄のフォークロア』《平凡社ライブラリー 18》平凡社.
塚本学（1998）『徳川綱吉』日本歴史学会編集《人間叢書》吉川弘文館.
徳川林政史研究所（編）（2012）『徳川の歴史再発見 ── 森林の江戸学』東京堂出版.
中澤克昭（2018）『肉食の社会史』山川出版社.
日本ジオパークネットワーク HP　https://geopark.jp/
増田隆一，阿部永（編）（2005）『動物地理の自然史 ── 分布と多様性の進化学』北海道大学出版会.
三浦慎吾（2018）『動物と人間 ── 関係史の生物学』東京大学出版会.
宮本常一（1964）『山に生きる人びと』《双書 日本民衆史 2》未來社.
養父志乃夫（2009）『里地里山文化論（上）── 循環型社会の基層と形成』農山漁村文化協会.
養父志乃夫（2009）『里地里山文化論（下）── 循環型社会の暮らしと生態系』農山漁村文化協会.

山崎晴雄，久保純子（2017）『日本列島 100 万年史 ── 大地に刻まれた壮大な物語』《ブルーバックス B2000》講談社.

第２章

落合啓二（2016）『ニホンカモシカ ── 行動と生態』東京大学出版会.
落合啓二（1992）『カモシカの生活誌』どうぶつ社.
小野勇一（2000）『ニホンカモシカのたどった道』《中公新書 1539》中央公論社.
環境省 HP ／特定鳥獣保護管理計画作成のためのガイドライン（カモシカ編）
https://www.env.go.jp/nature/choju/plan/plan3-2b/index.html
工藤樹一（1996）『カモシカの森から』NTT 出版.
田口洋美（2001）『越後三面山人記 ── マタギの自然観に習う』《人間選書 235》農山漁村文化協会.
田口洋美（1994）『マタギ ── 森と狩人の記録』慶友社.
千葉彬司（1981）『カモシカ物語』《中公新書 609》中央公論社.
常田邦彦（2019）「カモシカの保護管理に関する研究」早稲田大学審査学位論文 博士（人間科学）早稲田大学リポジトリ PDF　https://waseda.repo.nii.ac.jp/
浜昇（1977）『追われゆくカモシカたち』《ちくま少年図書館 35》筑摩書房.
宮本常一（1964）『山に生きる人びと』《双書 日本民衆史 2》未來社.

第３章

梶光一，飯島勇人（編著）（2017）『日本のシカ ── 増えすぎた個体群の科学と管理』東京大学出版会.
梶島孝雄（2002）『資料 日本動物史』八坂書房.
神奈川県 HP ／ニホンジカの保護管理
https://www.pref.kanagawa.jp/docs/f4y/03shinrin/sika.html
環境省 HP ／尾瀬のニホンジカ対策　https://www.env.go.jp/park/oze/data/index.html
環境省 HP ／特定鳥獣保護管理計画作成のためのガイドライン（ニホンジカ編）
https://www.env.go.jp/nature/choju/plan/plan3-2e/index.html
高槻成紀（2006）『シカの生態誌』東京大学出版会.
高槻成紀（2015）『シカ問題を考える ── バランスを崩した自然の行方』《ヤマケイ新書》山と渓谷社.
田中淳夫（2018）『鹿と日本人 ── 野生との共生 1000 年の知恵』築地書館.
千葉徳爾（1975）『ものと人間の文化史・狩猟伝承』法政大学出版局 .
平林章仁（2011）『鹿と鳥の文化史 ── 古代日本の儀礼と呪術（新装版）』白水社.
湯本貴和，松田裕之（編著）（2006）『世界遺産をシカが喰う ── シカと森の生態学』文一総合出版.

依光良三（編）（2011）『シカと日本の森林』築地書館.

第４章

江口祐輔（2003）『イノシシから田畑を守る ── おもしろ生態とかしこい防ぎ方』農山漁村文化協会.
岡田晴恵（2016）『知っておきたい感染症 ── 21 世紀型パンデミックに備える』《ちくま新書 1172》筑摩書房.
環境省 HP ／特定鳥獣保護管理計画作成のためのガイドライン（イノシシ編）
https://www.env.go.jp/nature/choju/plan/plan3-2a/index.html
小寺祐二（2011）『イノシシを獲る ── ワナのかけ方から肉の販売まで』農山漁村文化協会.
小寺祐二（2016）「イノシシへの餌付けとその影響」『野生動物の餌付け問題』小島望，高橋満彦（編著）畠山武道（監修），地人書館.
清水悠紀臣（2013）「日本における豚コレラの撲滅」『動衛研研究報告』119.
https://www.naro.affrc.go.jp/publicity_report/publication/archive/files/119-01.pdf
高橋春成（2017）『泳ぐイノシシの時代 ── なぜ､イノシシは周辺の島に渡るのか？』サンライズ出版.
高橋春成（編）（2001）『イノシシと人間 ── 共に生きる』古今書院.
辻知香，横山真弓（2014）『六甲山イノシシ問題の現状と課題』《兵庫ワイルドライフモノグラフ 6》兵庫県森林動物研究センター
新津健（2011）『猪の文化史 歴史篇 ── 文献などからたどる猪と人』《生活文化史選書》雄山閣.
リチャード・C・フランシス（西尾香苗訳）（2019）『家畜化という進化』白揚社.

第５章

大井徹，増井憲一（編著）（2002）『ニホンザルの自然誌』東海大学出版会.
環境省 HP ／特定鳥獣保護管理計画作成のためのガイドライン（ニホンザル編）
https://www.env.go.jp/nature/choju/plan/plan3-2d/index.html
田口洋美（2000）「列島開拓と狩猟のあゆみ」『東北学』3
立花隆（1991）『サル学の現在』平凡社.
千葉徳爾（1975）『ものと人間の文化史 狩猟伝承』法政大学出版局.
辻大和，中川尚久（編）（2017）『日本のサル ── 哺乳類学としてのニホンザル研究』東京大学出版会.
三戸幸久，渡邊邦夫（1999）『人とサルの社会史』東海大学出版会.

第６章

環境省 HP／特定鳥獣保護管理計画作成のためのガイドライン（クマ類編）
https://www.env.go.jp/nature/choju/plan/plan3-2c/

小池伸介（2013）『クマが樹に登ると ── クマからはじまる森のつながり』《フィールドの生物学⑫》東海大学出版会.

佐藤喜和（2021）『アーバン・ベア ── となりのヒグマと向き合う』東京大学出版会.

俵浩三（2008）『北海道 緑の環境史』北海道大学出版会.

坪田敏男，山﨑晃司（編著）（2011）『日本のクマ ── ヒグマとツキノワグマの生物学』東京大学出版会.

中沢新一（2002）『熊から王へ カイエ・ソバージュ（2）』《講談社選書メチエ》講談社.

ミシェル・パストゥロー（平野隆文訳）（2014）『熊の歴史 ──〈百獣の王〉にみる西洋精神史』．筑摩書房.

ベルント・ブルンナー（伊達淳訳）（2010）『熊 ── 人類との「共存」の歴史』白水社.

山﨑晃司（2017）『ツキノワグマ ── すぐそこにいる野生動物』東京大学出版会.

第７章

小柳泰治（2015）『わが国の狩猟法制 ── 殺生禁断と乱場』青林書院.

第９章

羽澄俊裕（2020）『けものが街にやってくる』地人書館.

羽澄俊裕（2017）『自然保護の形 ── 鳥獣行政をアートする』文永堂出版.

第 10 章

IUCN ／ WCPA 日本委員会『保護地域管理カテゴリー適用ガイドライン』
https://portals.iucn.org/library/sites/library/files/documents/PAPS-016-Ja.pdf

IUCN ／『保護地域を活用した防災・減災－実務者向けハンドブック』
http://www.env.go.jp/nature/asia-parks/world_6th/EcoDRRhandbook_Jp.pdf

環境省／日本の世界自然遺産　https://www.env.go.jp/seisaku/list/sekaiisan.html

環境省／『生態系を活用した防災・減災に関する考え方』
https://www.env.go.jp/nature/biodic/eco-drr/pamph01.pdf

国連大学（2016）『世界リスク報告書 2016 年版（World Risk Report 2016）』Bündnis Entwicklung Hilft and UNU-EHS.

国連防災戦略事務局（2004）『国連国際防災戦略（ISDR）』.

日本ジオパークネットワーク　https://geopark.jp/geopark

文部科学省／生物圏保存地域（ユネスコエコパーク）
https://www.mext.go.jp/unesco/005/1341691.htm

第 11 章

国土交通省・国土政策　https://www.mlit.go.jp/kokudoseisaku/index.html

国土交通省・都市計画　https://www.mlit.go.jp/toshi/city_plan/index.html

国立感染症研究所　https://www.niid.go.jp/niid/ja/

羽澄俊裕（2020）『けものが街にやってくる』地人書館.

掲載写真撮影者

稲葉史晃（株式会社野生動物保護管理事務所，WMO） 図 2.8，図 5.6，図 5.8
海老原寛（WMO） 図 4.6，図 5.10 下
岸本真弓（WMO） 図 4.2，図 4.7，図 5.1
小寺祐二（宇都宮大学） 図 4.1
藏元武蔵（WMO） 図 2.3，図 2.7
佐伯真美（WMO） 図 5.4
姜兆文（WMO） 図 3.2，図 3.3，図 6.4，図 6.5
濱﨑伸一郎（WMO） 図 3.1，図 3.4，図 5.10 上，図 5.11，図 6.14
三木清雅（WMO） 図 5.3，図 5.7，図 5.12
宮本大右（WMO） 図 4.3
山田雄作（株式会社 ROOTS） 図 2.2，図 2.10，図 11.1
山中正実（知床博物館） 図 6.1，図 6.3，図 6.6，図 6.7，図 6.10
横山典子（WMO） 図 3.9，図 5.2，図 5.5
著者 図 2.1，図 3.7，図 3.8，図 3.11，図 6.2，図 6.11，図 6.12

索引

【た行】

【な行】

【は行】

【ま行】

【や行】

【著者紹介】
羽澄俊裕（はずみ・としひろ）
1955年生まれ。東京農工大学を卒業後、1980～1984年に環境庁「森林環境の変化と大型野生動物の生息動態に関する基礎的研究」プロジェクトにツキノワグマ班研究員として従事。1983年に野生動物保護管理事務所（WMO）を立ち上げ、1991年に代表取締役となる。2015年に引退。以後、立教大学ESD研究所・客員研究員、東京農工大学農学府・特任教授等を経て、現在は、（公財）神奈川県公園協会理事、（一社）リアル・コンサベーション理事、環境省ほか国や自治体の各種検討会委員を務める。博士（人間科学）早稲田大学。
著書に『けものが街にやってくる ― 人口減少社会と野生動物がもたらす災害リスク』（地人書館、2020年）、『自然保護の形 ― 鳥獣行政をアートする』（文永堂出版、2017年）、分担執筆は『動物のいのちを考える』（高槻成紀編著、朔北社、2015年）、『改訂 生態学からみた野生生物の保護と法律 ― 生物多様性保全のために』（（財）日本自然保護協会編集、講談社、2010年）、『歴史のなかの動物たち』（中澤克昭編、吉川弘文館、2008年）ほか。
野生動物や自然環境を保全する社会システムの整備に取り組み、社会が行う自然保護の姿として、日本版ワイルドライフ・マネジメントを創り上げることをライフワークとしてきた。

SDGsな野生動物のマネジメント
狩猟と鳥獣法の大転換

2022年2月20日　初版第1刷

著　者　羽澄俊裕
発行者　上條　宰
発行所　株式会社 **地人書館**
162-0835 東京都新宿区中町15
電話 03-3235-4422　FAX 03-3235-8984
振替口座 00160-6-1532
e-mail chijinshokan@nifty.com
URL http://www.chijinshokan.co.jp/
印　刷　モリモト印刷
製　本　カナメブックス
カバー・表紙・扉のイラスト　中西のりこ
カバー・表紙・扉のデザイン　猪股彰子（VirtualMonkeys）

ISBN978-4-8052-0958-5 C3061

●好評既刊

野生動物の法獣医学
もの言わぬ死体の叫び

浅川満彦 著

四六判／二五六頁／一九八〇円

野生動物の死体は，法的には「生ごみ」である．しかし大量死には感染症や中毒死の可能性が示唆され，死にざまによっては動物虐待が疑われる．人獣共通感染症をはじめ，動物が関係する案件が増加している昨今，死因を解析することの重要性も増しており，獣医学においても，人間社会の法医学に相当する分野が必要となっている．

けものが街にやってくる
人口減少社会と野生動物がもたらす災害リスク

羽澄俊裕 著

四六判／二四八頁／二二〇〇円

農山村だけでなく街中にクマやサルやイノシシの出没が相次いでいる．山の中ではシカが急増し，捕獲しても減らない．本書は人身被害や農林水産被害，感染症の媒介などをもたらす獣害が重大な社会問題であると警告．この約半世紀の間に壊してしまった野生動物と対峙する現場を再構築し，早急に棲み分けるための空間づくりに着手すべきである．

与えるサルと食べるシカ
つながりの生態学

辻 大和 著

四六判／二三六頁／二七五〇円

無関係に暮らしていると考えられてきた樹上で暮らすサルと地上のシカは食べものを通じてつながり，シカにとってサルは栄養状態の悪い時期に食べものを提供する存在だった．「サルを中心とする生態学」という新分野を確立した著者の20年の研究成果を中心に，フィールド研究の臨場感とともにニホンザル研究の新知見を伝える．

ブルーカーボン
浅海におけるCO2隔離・貯留とその活用

堀正和・桑江朝比呂 編著

A5判／二七六頁／三五二〇円

2009年，国連環境計画（UNEP）は，海草などの海洋生物の作用によって海中に取り込まれた炭素を「ブルーカーボン」と名づけた．陸上の森林などによって吸収・隔離される炭素「グリーンカーボン」の対語である．このブルーカーボンの定義，炭素動態，社会実装の実例，国際社会への展開までを報告した，国内初の解説書．

●ご注文は全国の書店、あるいは直接小社まで。価格は2022年1月現在（消費税率10%）のものです。

㈱地人書館　〒162-0835 東京都新宿区中町15　TEL 03-3235-4422　FAX 03-3235-8984
E-mail=chijinshokan@nifty.com　URL=http://www.chijinshokan.co.jp